リーマン予想は解決するのか？

絶対数学の戦略

黒川信重　小島寛之

青土社

リーマン予想は解決するのか?

目次

絶対数学

163

黒川信重　2000.09

1　二〇世紀は環の世紀　2　微分　3　二〇世紀の数学の欠陥と二一世紀数学の展望

4　絶対数学　5　ゼータ　6　絶対空間とモナド　7　クロトーネの海辺にて

付録　絶対数論研究集会報告――リーマン予想最後の一歩へ　i

黒川信重

リーマン予想は解決するのか?——絶対数学の戦略

本書の読みかた

本書は、現在最も解決が待望される数学の難問「リーマン予想」とは何かを指南し、その上で現在最前線の数学者たちが押し進め、解決に最も至近距離にあると思われる攻略のための戦略、「F_1スキーム」、を紹介するエキサイテングな本です。しかも、非常に難解な数学について、数式をほとんど使わず、ことばによるイメージによって、美味しいところだけをご賞味いただけるように工夫してあります。

そんなわけで本書は、「高校生レベルから読めるけど、プロ級の人が読んでもスリリングな本」に仕上がりました。具体的には、熱気溢れる対談（Ⅰ章）と初級解説（☆章）と本格派解説（Ⅱ章）の三部から構成されています。

もちろんどのように読み進めていただいても構いませんが、どう読んで行こうか迷われたり、途中で知らない用語にぶつかって焦ったりされた場合には、以下を道案内としてご利用ください。きっと楽しみ方の幅が広がること請け合いです。

1　数学のホットな最前線を知りたい方
↓Ⅰ章から読み始め、分からない用語で困ったら、☆章に解説があるか探して、あったら寄り道して、また戻る。

2　十分な予備知識を持ってから、最前線に挑みたい方
↓☆章を読んでウォーミングアップしてから、Ⅰ章、そしてⅡ章へ。

3　時間軸を追って（あるいは最新の知見をとにかく真っ先に）読みたい方
↓目次の日付を参照してください。

4　まずはプロの数学者のお手並み拝見、という方
↓Ⅱから入り、Ⅰ、☆とお進めください。

では、わくわくどきどきの数学新世界でお待ちしています。

ナビゲーター・小島寛之

I

現代数論の戦略

〈数〉の過去・未来

2008.09.29

素数の歴史

小島　私自身は学部時代は数学科に所属し、その頃は数論をやりたいと志していたのですが才能がなくて諦めまして、現在は経済学者になっております。ですから今日は文系代表という立場と、数学ファンという立場から先生にお話を伺うことで、読者との橋渡しができればと思っております。とりわけ、数学者には当たり前な用語や知識や概念でも、文系の人にはよくわからないこともあるかと思いますので、そういったことについて突っ込みながら伺ってみたいと考えております。

黒川先生の『オイラー・リーマン・ラマヌジャン——時空を超えた数学者の接点』（岩波

書店、二〇〇六年）というご著書を読ませていただきました。こちらをもとに質問を考えましたので、本の内容を補充する形でも質問させていただければと思っております。基本的にこの本では素数のことを書いておられますが、奇しくも今日、メルセンヌ素数の新しいものが見つかったというニュースがありましたね。

黒川　そうですか。二年ぶりくらいですね。

小島　メルセンヌ素数とは、2のべき乗引く1というタイプの素数のことで、そのタイプで最大の素数がまた見つかったという報道でした。非常に大きな素数です。たくさんのコンピュータを繋いで見つけたようです。

素数というのは、ギリシャの時代から興味を持たれてきて、その主な担い手としてユークリッドやピタゴラス、ディオファントスといった人たちの名前が挙がってくると思うのですが、先生ご自身がそういった古典的なものに関心をお持ちになったのはいつか、またどういうきっかけがあったのかということを、入り口としてお話しいただけますでしょうか。

黒川　ギリシャの素数の話というのは、昔だと高校の教科書くらいで素数が無限個あるということが背理法の練習として出ていたことが多かったですね。私はその頃は背理法の練習には格段の興味はなかったのですが、大学に入ってオイラーの数学を学校の勉強と並行して見てみると、彼は素数が無限個あるという結果を、歴史的には二〇〇〇年ぶりくらいに改良し、素数の逆数を考えると、その和が無限大になるという結果を出したのですね。$\frac{1}{2}$、$\frac{1}{3}$、$\frac{1}{5}$……を全て足すと無限大になると。素数が無限個あるということも、当然そこには含まれるわけですが、ある意味ではもっと精密なことを言っているわけです。そうしたものを読む中で、ではギリシャにはどういったことがなされていたのだろうかと調べてみると、どうも背理法でやったというのは嘘で、素数をどんどん作っていくというやり方でやったらしい。数論を始めたピタゴラス学派というのは紀元前五〇〇年から四〇〇〜三〇〇年くらいまで続いたはずですが、その成果というのは教科書類というか、出版物には残さなかったようです。紀元前三〇〇年くらいにユークリッドが『幾何学原論』あるいは『原論』と呼ばれるものを書いて、そこで彼以前のギリシャ数学の主な成果を教科書風にまとめました。その中に素数の話も出てきますし、素数が無限個あることの証明も出てきます。

　その作り方というのは、本当に無限個作るということをやるわけです。最初に何個か素数があったら全て掛ける。それに1を足して、最小の素因子を取る。つまり割り切る最小の素数を取ってくる。そうすると、何個かあった素数以外のものが新しくできる。こういうやり方で一個ずつ増えていくわけです。例えば最初に、何でもよいのですが、2を取るとすると、2＋1で3ができる。3はそのまま素数なので3ができる。2と3があったら2×3で6ですが、それに1を足すと7になる。7も新しい素数です。次に2と3と7だと、掛け合わせると42ですが、1を足すと43という新しい素数になります。そういったことをやっていくと、次の数は13と139の積に分解します。そうすると13が素数として取れる。そうやって一つずつ、新しい素数ができるということをギリシャではやったわけです。そんなことを思いつくとは、何と偉大な数論学者がギリシャにいたもの、と感心しました。

ですから三〇～四〇年前の教科書では背理法で書かれていたのですが、ギリシャではどうも構成的にやっていたということがわかりました。私はオイラーを勉強するついでに、ギリシャのほうも再認識したという感じなのです。

ところで、その構成で素数が無限個できることはわかるのですが、2から始めたら素数が全て出るのかという未解決の問題があります。私は、このような問題についても最近論文を書いたりしていますから、本当にギリシャでどのようなことが行われたのかは興味がありま す。ただ、あまりもう記録が残っていないのではないかという気もしますけれど。もっとも、これまで「ギリシャ」と言ってきましたが、これは今のイタリア南部を含んだマグナグラキエと呼ばれた広い範囲です。ピタゴラスたちが二五〇〇年昔に活躍していたイタリア南岸のクロトン辺りから何か出ると嬉しいのですが。

小島　結論としては、その作り方で、2から全ての素数は出るのですか。

黒川　出ると思うのですが……。いろいろと困難があります。

　例えば暗号というのは素因数分解が非常に難しいということを使っていますね。数百桁の素数を二個持ってきて掛けると、その倍くらいの桁の自然数ができますが、それを素因数分解していくことは非常に難しいわけですよね。それくらいの難しさだと、普通に解いていこうとすると恐らく数千年かかるくらいなので、暗号として用いられています。

　先ほどの方法で2から始めていくと、大体五〇番目くらいでこれと同じくらいの計算量になります。現在では四三〜四四個目までしか計算できていないはずです。つまり途中で六桁とか七桁とか、あるいは一〇桁を超すような素数が出て、その後で二桁の素数が出るという感じなので、非常に難しい。個人的にはリーマン予想より難しいと思っています。ギリシャでこの問題が考えられた形跡はないのですが、作り方は確かにやられているわけですね。だから誰かが考えていたとしてもおかしくはありません。計算機が発達してきた時代にはちょうどいい問題かもしれないのですが、今の計算機の発達段階ではまだ遅すぎるのです。

　理論的面ではゼータを使って考えることはできるのですが、本質的なところは、まだまだです。

小島　ギリシャの頃のディオファントスが数論の祖であり、それを復興したのがフランスのフェルマーだということが啓蒙書には書いてあります。ディオファントスは、不定方程式を考えました。例えば、$3x-5y=1$ のような、式の本数よりも文字の個数の多い方程式のことです。分数でもよいなら解が無数にあるとすぐにわかります。しかし、解を整数に絞ると解があるかないか、有限個か無限個かは自明ではありません。ディオファントスはこのような不定方程式の整数解を求める問題を考えており、それをフェルマーがバージョンアップした、と言ってよいと思います。

ところが、その間には一〇〇〇年以上の年月があります。両者の間に数論がどうなっていたのかということに私自身関心があるのですが。

黒川　私はそういうことは全くわからないというのが本当のところですが、ただ数学史一般で言えば、ギリシャの後の一〇〇〇年ほどはあまり発展がなかったという認識がされていますよね。それもあまり正しくはないのかもしれませんが、少なくともそういった不定方程式、ディオファントス方程式と呼ばれる問題については、あまり研究されてこなかったのではないかと思います。たぶん、フェルマーが取り上げるまではあまり注目もされていなかったのではないでしょうか。ディオファントスの頃というのは、今で言う楕円曲線くらいは、そうは言わずに扱っていたと思いますが、フェルマーの頃から、例のフェルマー予想の方程式であるとか、いろいろなことが本格的に扱われるようになり、しかもほぼ同時にそれが幾何的な意味もある、つまりデカルト座標で絵が描けて、その曲線上の点として、整数点とか有理数点を考えるようになります。そういった図形的な意味が出てきたのは大きいのではないかと思います。それはディオファントスの頃にはx座標・y座標という意味ではなかったのではないでしょうか。

フェルマーから一〇〇年くらい時代が下がると、オイラーがかなり集中的に取り組みます。中身はもうほとんど現代に近いものだったと思います。フェルマーはフェルマー予想を出し4乗の場合に証明しますし、オイラーはそれを3乗の場合で解くなどしました。その後にもいくつか進歩はありましたが、結局、一九九五年にフェルマー予想が解かれるまで、前進がなかったと言えば語弊がありますが、いろいろなトライアルがありながらも、最終的解決へ向けては、それほどの進歩はなかったという感じを受けます。

フェルマー予想が解かれたのは九五年ですが、その一〇年くらい前から、谷山予想に帰着させる、つまり楕円曲線に帰着させるという手法をフライが見つけ出し、それをワイルズが七年くらい屋根裏部屋でコツコツと取り組むことで完成させました。その証明自体に関しては、それまで進歩がなかったという感じです。だからその間、解析的整数論というのが整備されてはきましたが、ディオファントス方程式一般という意味では進歩していない。ディオファントス方程式というのは、タイプごとにかなり特殊な手法が必要なのですね。ですから、二次式だとこんな手法、三次式だとこんな手法、というふうになったり、あまり統一的に作れない。フェルマー予想も解けたのですが、どうしてあんなふうに解けたかはそれほどよくわからない。もともと楕円曲線とは関係のない方程式ですから、楕円曲線でどうしてあんなふうにうまく解けるかというのはよくわからず、その本当の意味合いについてもわかっていないのではないかという気がします。

その意味で、ディオファントスから現代まで、コンスタントに発展してきたという感じは受けなくて、あるときスッと発展したら、その後かなり停滞して、またその後にスッと発展する。そのたびごとに新しい手法が発見されていくのですが、それまではかなり平坦に進んでいきます。特にディオファントス方程式というのは、どうもそんな感じのようです。

現代数論の戦略

小島　整数は誰でも知っているような、子供の頃に最初に出会う数ですが、それが難しくて解けないさまざまな問題を孕んでいて、それにアプローチしているのが数論・整数論であると見なせます。その数論のアプローチの仕方に素人ながらに興味を持っていまして、何をやっているのかなと覗いてみたとき、途轍もなく抽象的なことをやっている。この整数の素朴さと数論の技術の抽象性との間がどうなっているのかというのが文系的な関心です。つまり、整数という根源的な数の性質を解くのに非常に高度で抽象的な方法論を使う際、数学者が頭の中で何をイメージし、どういう戦略で攻めているのかというのをかいつまんで知りたい、ということです。

これは私の考えですが、整数というのは飛び飛びの離散的な数です。その離散的なものをそのまま扱うのは凄く難しいことだから、いろいろな方法で飛び飛びのその隙間を埋めるようなことをしている。つまり、飛び飛びでないような、いわば「動きやすい空間」の中で、整数を扱おうとしているのではないでしょうか。そのとき、私が知っている限りでも、いくつかの方法論が開発されているようです。

一つは扱う空間を拡げることです。例えば、複素数の空間に広げる。あるいは、その発展型として「イデアル」と呼ばれる「集合の集合」のような世界まで拡張する。はたまた、実数という、ベタッと連続的に隙間が埋められた世界の中に整数を埋め込んで、そこで考える。あるいは全く視点を変えて、体積を計算したりだとか、空間の中の量的なものを利用する方法もありますね。いわゆる、「数の幾何」とも呼ばれている方法です。もっと突飛な方法としては、L関数やゼータ関数など、無限級数和で表される関数の中に整数を埋め込む母関数的な方法もあります。そして、ここは私の知識が全く届かないところですが、グロタンディーク以降の抽象代数の中で数論幾何と呼ばれるような手法もあります。

こうした方法論は数論を標的にして開発されるのか、それとも全く別の興味から開発された手法を数論の人たちが「これは使える」とばかりに利用しているのか、そういうモチベーションや戦略については先生からするとどう見えるのでしょうか。

黒川　基本的には、数論は応用数学です。つまり、数学の中で応用できるものは何でも使います。あるいは、応用できるものがなさそうだったら、作る。

例えば二〇世紀以降の数論が一九世紀までの数論と大分違うのは、トポロジー（位相幾何）が使われるようになったことです。その最初の人はセールというフランス人です。セールというのはもともとトポロジー、もっと言えばホモトピーでフィールズ賞を獲った人です。そのセールよりちょっと若い世代で、メイザーという人がいますが、彼もトポロジーの人で、フェルマー予想を解いたワイルズの師匠にあたります。

フェルマー予想の証明の後一〇年経って佐藤テイト予想というものも最近解決されたのですが、これはフェルマー予想を一〇〇倍くらい拡大した予想です。証明された方法はメイザーが始めワイルズがフェルマー予想の解決の際に発展させたものですが、今回の佐藤テイト予想は、それをさらに一般化したのものを用いてワイルズのところの学生だったテイラーさんが中心になって解きました。その根底はトポロジーのデフォーメーション（変形）の考え方から来ています。フェルマー予想の証明でも佐藤テイト予想の証明でも、デフォーメーション・リング（普遍変形環）を抽象的に考えるのですね。それは巨大な環なのですが、その様子がどういうわけかわかってしまう。この辺りについては本特集（『現代思想』二〇〇八年一一月号）の吉田輝義さんが非可換類体論のところで触れていただけるかなと思います。吉田さんはテイラーさんのハーバードにおける学生です。詳しくは、吉田さんと私も加わって書き、日本評論社からこの六月に出版された『数学のたのしみ・2008年最終号』の特集「佐藤テイト予想の解決と展望」を見てください。そこには、吉田さんの同級生の伊藤哲史さんの書かれた解説やテイラーさん自身による解説もあります。

とにかく、そこからフェルマー予想も解かれるし、佐藤テイト予想も解かれます。それは現代数論の特徴をかなり明確に表していて、もちろんわれわれは解析も使いますが、トポロジー的な手法も入ってくるということです。それから、いろいろなところで名前の出てくるK理論というのも整数論に入ってきます。ゼータ関数を研究するために、もともとホモトピー群から来ているK理論も活躍するという状況です。

このように手法として空間を研究するやり方を採り入れるというのもありますが、先ほど小島さんが言われたように、いろいろな空間を考えるということもあります。複素数に拡大したり、実数に拡大したり、あるいは一〇〇年くらい前に発見されたp進数に拡大したり、あるいはp進数を全部掛け合わせたアデールというところに拡大する。数論では実数、複素数、p進数を全部考えるのが大切です。一番わかりやすいのは、何か方程式があったとき、その整数解を考えるのがディオファントス方程式ですが、そこに実数解があるかとか、複素数解がどのくらいあるかとか、そういうことがわかると、整数解や有理数解の様子が少し見えてきます。実数解はグラフのようなものですから、絵に描けますね。例えば実数解が非常に小さな領域にしかない場合や、ほとんどない場合には、整数解もないことは当たり前です。フェルマー予想でも普通の整数解ですが、あれも「ガウスの整数」と呼ばれる複素数の整数でも解がないというようなこともわかることがあります。こんなふうに整数の解がもっと拡げたところでないということが証明できれば、それがフェルマー予想の証明にもなります。次数が4くらいだと、そんなやり方でやっています。ですから、整数だけだとわかりにくいのでもっと拡げるという手法は、いろいろなところで使われるものです。

それからもう一つ、ゼータ関数というのは、整数を全部調べたいのにその繋ぎ方がよくわからないときに使います。つまり、1と2と3と4と5と、整数全部を見たいのですが、並べてみても全部並んでいるだけなので、それを全部足し合わせたいというのが最初の動機です。それで、1＋2＋3＋4＋5……と足していくと、普通の感覚では無限大になるはずですが、各々の逆数、つまりべきを取ったものを考えるとどうなるか。例えば1^{-1}、2^{-1}……要するに

$\frac{1}{1}$，$\frac{1}{2}$，$\frac{1}{3}$，$\frac{1}{4}$，$\frac{1}{5}$……と足したものを考えたらどうか。ただこれも発散して無限大になってしまうのですね。これが高校くらいでやるものです。今度は-2乗にして、$\frac{1}{1^2}$，$\frac{1}{2^2}$，$\frac{1}{3^2}$……、これを全部足したらどうなるかというのがオイラーの頃の問題で、スイスのバーゼル辺りでベルヌイ家が中心になって取り組んでいたので「バーゼル問題」と呼ばれています。それが円周率πを平方して6で割ったものになるというのを見つけたのが、オイラーの数論における本格的なデビュー作です。一七三五年だったと思います。

そのオイラーはむしろ$1+2+3+4+5$……というのを直接考えるほうが好きでした。それが$-\frac{1}{12}$になるというのを発見して、オイラーとしても非常に得意になっていたはずです。1乗の和と-2乗の和は、分母に12や6が出てきますので、なんとなく似ています。それを結びつけるのがゼータ関数の関数等式になってきます。

オイラーは、ですから整数全部を見たいという意識が強かったということです。そのためにゼータでまとめ上げる。しかも最初は自然数全体に関する和だったのですが、それが素数全体に関する積にもなります。これが「オイラー積」というものですが、要するに自然数が全部素数の積に分解してしまうので、先ほどの自然数に関する和が素数に関する無限積になってしまう。ということで、ゼータ関数をそうやって作ると、ゼータ関数がわかれば素数がわかるということになります。素数がわかればゼータ関数もわかる、という言い方もありますが、大抵はゼータ関数を調べるほうが易しいので、そちらの方向での応用を考えます。

リーマン予想というのはゼータ関数の話です。零点がどこにあるのかというのがリーマン予想ですが、それがわかれば素数の分布もある意味で究極的な要素までわかるということです。ゼータ関数を考えるというのは、空間を拡張するのとはちょっと違いますが、いずれにしても整数を全部繋げた様子を見たいという動機から出てきています。

小島　そのゼータ関数の話ですが、今チラッとオイラーの計算の話が出てきましたが、一つは、どの本を読んでも$1+2+3\cdots\cdots$が$-\frac{1}{12}$になることについて、「解析接続によって」と一言書いてあるだけで、素人からしたら「正の数を足してどうして負の数になるんだ？　しかも無限になるものがどうして$-\frac{1}{12}$なんだ？」というところが全部端折られています。この「談話」という形式の、言葉しか使えない、という制約があるということを良い機会と捉えて、解析接続のイメージと言いますか、その計算がある種形式的に書いてあるのだ、ということがわかるようにご説明していただきたいのですが。

黒川　複素関数論というのがあり、そこで解析接続をやるのですが、複素関数論を扱うのは大学二、三年生くらいです。それでも解析接続のところはちゃんとやらないような感じです。やったとしても何かわかったようなわからないような感じしか受けないことが多い。リーマン・ゼータの場合は解析接続の手法もかなり明確にわかります。つまり全部の複素数で意味のあるような表示を積分で与えることができます。例えばそこで-1の値を入れましょうとなれば、$-\frac{1}{12}$になるのです。それは確かなんです（笑）。

でもこれだと恐らくご期待に添えていないので、もうちょっと足します。今の場合、幸いなことに、物理的な意味もあります。カシミール効果とかカシミール・エネルギーというのがあるのですね。私は実験などを見たわけではないのですが、真空のところに金属板を一ミクロンくらいの幅で平行に置くと、引き合う力が働くのだそうです。その力を予想したのが一九四八年のカシミールという人です。しかし当時は一ミクロンくらいの平行板を設置するのも難しく、力がとても弱いものだからなかなか測ることもできなくて、測定値が誤差項に全部含まれてしまうような状態が続いていて、正しいか正しくないかもわからないくらいだったようです。それで、一九九六年にラモローという人がやっと誤差五パーセント以内にし、二〇〇〇年くらいに誤差一パーセントくらいでわかるようになりました。理論値は自然数の1乗の和$-\frac{1}{12}$、あるいは状況によっては自然数の3乗の和$\frac{1}{120}$が出てきます。このように、$1+2+3$……が$-\frac{1}{12}$になるということが、カシミール効果として出てきます。

ということはどういうことかと言いますと、$1+2+3$……をずっと足していくと、普通にはもちろん発散量ですが、そこを考え直すということです。量子力学では普通に計算していくと、発散する量がたくさんあるのですが、実際の観測で発散量が出てくることはあり得ません。そこの辻褄を合わせるために、無限大の繰り込みというのが理論としてできてきました。要するに、$1+2+3$……とずっと足していくのですが、例えばnまで足したとしましょう。それをどんどん足していけばどんどん大きくなるのですが、観測に関わるのはそこからある量を差っ引いたものです。これが繰り込みです。ですから、無限大になってしまうのだけれど、差っ引かれるのは無限大なんです。そして結局有限な量が残る。そこの差っ引き方というのは、標準的なやり方があります。無限大のほうから何でもいいから無限大を差っ引けば、何でも出てしまう。標準的なやり方をすると、今のカシミール効果のときは$-\frac{1}{12}$が出る。それが観測でもそうなる。

というわけで、なぜ無限大から繰り込むかという問いに答えるのはなかなか難しいのですが、自然界がそうなっているということです。そして「神様」がどうも無限大を繰り込んでいるらしいと言うしかない。例えば$1+2+3+\cdots\cdots+n$というのをやると、$\frac{n(n+1)}{2}$ですが、そこに$\frac{1}{12}$を足した式を差っ引くということが、その場合の標準的な差っ引き方になります。そうすると、答えとして$-\frac{1}{12}$が出るということです。それは最初に言った複素関数でゼータ関数を解析接続するというのともピッタリ一致します。今は1乗の場合だけ言いましたが、どんな複素数べきでやっても差っ引き法と解析接続の値は一致することがわかっています。で感覚的には、「差っ引く」というほうが人間の感覚には合っているような感じがします。ですから私はそういう考えを広めようと思っているのですが。

小島　私の理解では、例えば1^2の逆数と2^2の逆数と3^2の逆数……を無限の先まで足していくというのは、どんどん小さくなる数を足していくので、有限で収まっても不思議ではないです。実際、これは円周率の2乗を6で割ったものに収束する。これは、計算するのは高校生には無理ですが、範囲的には高校で習う通常の無限級数和です。その1^2と2^2と言ったものを全部、1^s、2^s……とs乗の逆数で置き換えて無限に足し合わせ、sを変数とする関数と捉えたものがゼータ関数ですね。sが1より大きい範囲では、高校数学の意味で収束するので、今の無限和表現でも誤解がない。ところが、複素数全域で定義されるような「とあるsを変数とする関数」が存在していて、それをsが1より大きい範囲に限定してみれば、今言った1^sの逆数＋2^sの逆数＋……というのと一致している。だから、その関数の計算値をすべてのsについて同じ形式の無限和で書いちゃいましょう、というのが「解析接続」の理念ですよね。それで、数学者は、たとえば、この無限和のsに-1も代入しちゃいましょうということをやる。すると、形式的に$1+2+3$……という見慣れない無限和が出てくる。でも、それを先ほど言った「とある複素数全域の関数」で計算すれば、$-\frac{1}{12}$になる、ということですよね。本当に足しているというよりは、見えている部分の式をイメージしながら本当は見えない部分での関数を扱っているのかな、という感触を持っています。

今先生が仰っていたカシミール効果という量子力学での話でも、目に見えない量子力学の世界での振る舞いが確率的であるということを計算するために、似たような状況が出てくる。「実在している世界」というのは、「通常の記号表現できる数式の範囲」より本当は広くて、その広い世界での計算を行っていて、それが「積分計算的に整合的だ」、というばかりではなく、量子力学という「現実の物質の世界でも整合的」、ということが実験でも証明されたということですね。

黒川　目に見えるところというのは、普通の意味では、収束するところと言われています。複素数で言うと、実部が1より大きいとか、何か最初の無限和や無限積などが意味を持っている。それはよいとして、反対側は関数等式で結びついていて、こちらは目に見えない領域です。関数等式を使うと目に見えるほうと目に見えないほうが結びついている。それで計算すると確かに解析接続の値として出る。それは正確な関数等式の話を使うとそうなっているのですが、どうもオイラーなどは目に見えない領域のほうが実在というふうに考えているフシがあります。3乗の逆数の和は誤差はどんどん小さくなっていくのですが、その値は今でもわかっていません。それを計算するために、関数等式で言うと−2での微分を計算しなくてはいけません。オイラーはこれを計算します。それで式を出す。どうもオイラーにとっては普通に言う目に見えない領域のほうが自由度が高くて、いろいろなことができるという感覚があるようです。

オイラーはもっと〝ひどい〟こともやっていて、nの階乗の和も求めたりしています。今の大学の授業ではnの階乗の逆数の和を求めたりするのですが、nの階乗を足すことはありません。けれどオイラーは足して小数点以下一〇桁くらいまで求めたりしています。こういうことからも、オイラーが普通の人と感覚が違っているのが窺い知れます。こういう人だからこそ関数等式が見つかったのではないかという気がします。もちろん理性的に言うと、解析接続をして値が見つかるということになるのだけれど、オイラーはそれがきちんとできる一〇〇年くらい前に目に見えない領域の値を見つけています。オイラーはもちろん解析接続は知らないのだけれど、もしも知ったと仮定すると、そういう方面にはもしかしたら違和感があったかもしれませんね。解析接続をちゃんとやったのは、オイラーの一〇〇年後のリーマンです。ですから、オイラーの頃のゼータ関数論というのは、今とは大分違っていたと思います。その辺の話を発展させると面白いのかもしれません。

オイラーの作法

小島　そのことについてちょっとお訊ねしたいと思います。同じような例として、最初フェルマーなどがやっていた微分法がありますね。これは凄く魔術的で論理矛盾スレスレな方法を使っていて、ニュートンもそれが怖くて幾何学の方法で『プリンキピア』を書いたとか言われています。その後何百年もかけて、整合的な、論理矛盾のない方法を構築して解析学が完成したということになっている。でも実は、もとのフェルマーたちの微分法にも論理矛盾がないことが二〇世紀に入りロビンソンたちの超準解析などでわかるようになってきた経緯があって、これは大変に興味深いことだと思います。積分と言ってはなんですが、無限個を足し算する側でオイラーが今仰っていたような、無限から無限を引いたりとか、無茶苦茶にも見えるような凄いことをやっていたわけですね。大学初等の教科書では、交代級数などは順番を入れ換えるとどんな数にでも収束させられるという定理があり、無限級数の順番をいい加減に入れ換えたりすると論理矛盾が起こってしまうと教わるのですが、オイラーはそれを平気でやって結果を出した。しかも論理矛盾なく説明できるような結果を出していた。「こういうことをやってはいけない」というのと「これは多分いいんじゃないか」という区別がオイラーの中にもあったのではないかと思うのですが、これを先生から見るとどういう感覚なのでしょうか。

黒川　まず、オイラーが発散級数をいろいろと計算していたことは確かです。オイラーは発散級数のときも「こういうところが危ない」ということはときどき指摘したりしています。オイラーよりむしろちょっと前のライプニッツの頃には、ゼータ関数で言うと0乗の和、これは1を無限回足すとどうなるかということが問題になっていました。普通だと無限と言って終わりです。後のオイラーだと$-\frac{1}{2}$が答えになるのです。そこで、ライプニッツの頃は、交代級数$1-1+1-1\cdots\cdots$の形に毎回符号を変えて足したらどうかと考えました。最初は1、次は$1-1$だから0、その次はまた1を足すので1、その後1を引くので0、そうすると答えが1, 0, 1, 0となり、答えは恐らく$\frac{1}{2}$であろうというのが、ライプニッツやその仲間たちの間で言われていたことです。オイラーは$1+1+1\cdots\cdots$とずっと足したら$-\frac{1}{2}$になると言いましたが、二倍したものをうまく引くと、結局$1-1+1-1\cdots\cdots$が$\frac{1}{2}$になることと合致することがわかります。

もちろんオイラーは0乗だけではなくもっといろいろなべきのこともやっていますので、感覚がもう少し進んでいたと思います。ちょっと調べてみると、オイラーは別の方法で二回くらいやっているのですね。なお、オイラーは交代級数版も好きでして、ゼータ関数も$1+$

2＋3……のときに、交代級数で1－2＋3－4……と足すといくつになるかということをやっています。オイラーは、一回論文を書くと、今度は別のやり方でやります。別のやり方というのは、今で言われるオイラー－マクローリンの総和法です。彼らは同時代人ですが、独立にやったものです。それはある種の無限和を積分で近似する方法です。ですから発散級数も計算できます。高校くらいでは階段状の棒グラフの和とグラフの積分の差を図形的に扱うのがありますが、あれはもともとオイラーの全集にも出ているような図形です。それを精密化したのがオイラー－マクローリンの和の方法です。ですからオイラーは基本的に和を積分で調べるということをやっていました。そちらはかなり泥臭いものですから、普通ゼータ関数でオイラーはこんなふうにやったと説明するときは、べき級数のやり方などスパッとできる方法で説明するのですが、彼はいろいろなことを気にしていたようです。

オイラー和公式というのはある意味で無限大の繰り込みに非常に近いものです。つまり、和を積分で近似するのだけれど、近似がどれくらいよいかということを見ています。つまり、積分にするところで無限大を差っ引くということをやっているようなものなのです。オイラーはどうもわかりやすく書けることはわかりやすくスパッと書こうとしているのだけれど、わからないところでオイラー和公式を使って検算をしているように思えます。ですから、無限大の差っ引きのほうがオイラーに近いような感じがするのですね。

小島　別の何個かの方法で確かめて、それでも同じ答えが出る、というプロセスを踏んでいると。

黒川　ええ。例えば、普通ゼータ関数のときにべきをつけて母関数の値を見るというのが標準的な説明ですが、それだけではなく、もう少し泥臭いことをします。そちらのほうが人間の心理には近いので。形式的なべき級数に値を代入して出たものが正しいとはあまり思えないのですね。つまり根拠があまりないですから。だけれど、積分で近似するということはかなり正しいはずなので、それをオイラーは自分で作り上げマスターして磨き上げ、使用しているということでしょう。ただ、例のオイラー和公式についてはもう少し一般的なものを使っていたのではないかという気もしますけれど。いろいろなところでそれを使って答えを見つけ、実際に書くのは少しおとなし目に、べき級数で書く。

　歴史的に言えば、紀元前二三〇年くらいにアルキメデスがいろいろな面積や体積を求めるとき、内側からと外側からと近似していって答えを出す取り尽くし法でやっていたりします。ただ、あれは答えが出たときにでっち上げたようなものですよね。答えがわからないときにそんなふうにうまくできるとは思えません。アルキメデスの場合もある種の積分論をやっていたということがあります。例の『方法』というエラトステネスへの手紙という形で書き上げた論文です。一九〇六年にイスタンブールで古文書から見つかったものです。アルキメデスはある意味で積分にあたることをやり、それで答えを見つける。ただそれを一般向けに書くときには、どうも取り尽くし法でやっている。答えを見つけるのにはこの方法が非常に有利であるということを『方法』の序文で書いています。どうもそれは原子論の祖であるデモクリトスに行き着くらしいのです。例えば円錐の体積は、底の円をずっと上げた同じ高さの円柱の体積の$\frac{1}{3}$になる、というのをデモクリトスが発見したと書いています。そのやり方ですが、まず円錐を原子一個の厚さのスライスに切る。そうすると$1^2, 2^2, 3^2$……を足すことになります。ある意味で極限ですが、薄さ（厚さ）は原子一個と言うけれど理想的には0に行くわけですから、そうするとx^2の積分が$\frac{x^3}{3}$になる。そして係数$\frac{1}{3}$が出る。ということで整合性が出るということになります。デモクリトスの書いたものも残っていませんが、円

円錐をスライスに切る

錐を原子一個くらいで切ったような絵が今でもどこか古文書に残っていると思います。

その頃の感覚とオイラーの感覚はかなり似ているのではないでしょうか。そこをきちんと書くのがもどかしいと言いますか、なかなか難しいので、大抵は形式的な計算をしているふうに彼は書いているのではないかと思います。ただ全集をよく見ると、そういう形式的な計算があると、大抵その論文の中か次の論文の中でオイラー－マクローリンでやったような痕跡が出てきたりしますので、オイラーの場合は発散級数が好きだということが特徴的なのだけれど、個人的にはいろいろな手法で危なくないということを確かめているのだという感じを受けます。彼は一見すると思いついたことを全部書いているようですが、実はそうでもなくて、裏が取れているからこそ書いているのだろうと思います。

リーマン予想の解法とその影響

小島　なるほど。それではせっかくですので、リーマンとリーマン予想について、現代の状況を踏まえてお聞かせ願えればと思います。

黒川　リーマン予想についての私の関心は、リーマン予想そのものというよりはリーマン予想が与えた影響のほうにあります。

　リーマン予想は一八五九年にリーマンが提出した予想です。リーマン・ゼータ関数の虚の零点の実部が$\frac{1}{2}$になるという予想で、数学最大の難問として有名です。二〇〇九年はちょうど一五〇周年になります。リーマン予想に関する一九世紀内の発展はあまりなかったようです。一八九六年にはいわゆる素数定理がド・ラ・ヴァレー・プーサンとジャック・アダマールによって独立に証明されますが、それはある意味でリーマンのアイデアをきちんと書いて証明したということですし、リーマンの思想圏の中でのことです。

　世紀が変わって一九一〇年くらいには、コルンブルムというドイツの人が学位論文で合同ゼータ関数というのを始めます。以後研究は有限体上の空間のゼータ関数にだんだんと進むのですが、そのもとになることをやった人です。彼は、残念ながら第一次世界大戦にて若くして戦死してしまいました。その場合、リーマン・ゼータ関数の類似のようなものが出てきます。それを一九一〇年代にやり、アルチンという人がもう少し拡張し、合同ゼータ関数というのがかなり認識されるようになります。リーマン予想の類似が合同ゼータ関数に対して成り立つだろうというのを最初に言ったのはアルチンだったのでしょう。ともかく、リーマン予想の類似の問題がこうして出されるようになります。それを有限体上の代数曲線、つまり一次元の場合ですが、種数が1（つまり楕円曲線）のときに一九三三年に最初に証明したのがハッセという人です。種数が2以上の場合はずっとわからなかったのですが、一九四〇年代にヴェイユが一挙に代数曲線の場合に種数が何であれ成り立つということを証明しました。

そこで一旦その問題は解決したのですが、一九五〇年代になり、今度はグロタンディークが一次元の曲線だけでなく、任意の高次元の代数多様体、さらにはもっと拡張したスキームというものに対してまで、有限体上の場合だったらリーマン予想の類似が成り立つであろうという方向に行きました。もともとはヴェイユ予想と呼ばれていたのですが、グロタンディークはリーマン予想の類似もヴェイユが代数多様体の場合に問題を定式化したので、最終的にそれを解決する枠組みを作ったわけですね。そのために、ヴェイユの定式化自体は代数多様体についてのものだったけれど、グロタンディークの目からは、それでは足りない、もっと一般的に成り立つはずであり、しかも空間として代数多様体ではなくスキームまで拡張しなくてはならない、というところを定式化し、一九六〇年代に一万頁くらいの膨大な代数幾何学の基礎づけを発表しています。グロタンディークは究極まで進んで行きます。その後にグロタンディークのところの学生だったドリーニュが、一九七四年にリーマン予想の類似が全ての合同ゼータ関数の場合に成り立つということを証明しました。

ですから、リーマン予想がもともと問題意識にはあったのですが、合同ゼータ関数の場合だとむしろ予想そのものよりは予想を解こうとして出てきたスキーム論という枠組みのほうが影響力が強いという気がします。もちろんスキーム論の影響があって、フェルマー予想も解かれるし、佐藤テイト予想も解かれます。例えば何かの空間の変形全体なども、スキーム論の中だと扱えるのだけれど、古典的な代数多様体では扱えないなど、いろいろなことがあるわけです。ですから、リーマン予想の二〇世紀の一つの影響は、そうしたスキーム論が出てきたことです。空間概念の革新という、非常に決定的なことだったと思います。最近では超弦理論など物理で使われる場合も、スキーム論そのものを使うような時代です。

もう一つのリーマン予想からの影響というと、これはリーマン予想そのものを最初研究した人なのですが、セルバーグという人がいます。二〇〇七年の八月に九〇歳で亡くなったのですが、彼は私の感じではリーマン予想に一番近づいた人です。一九四〇年代にリーマン予想がある意味で正のパーセンテージの零点に対して成り立つという決定的な結果を出しました。正のパーセンテージというのは数字としてはあまり大きくなかったと思いますが、それを改良することによって一九八九年にコンリーという人が四〇パーセントは実部が$\frac{1}{2}$上にあるということまで結果を出しています。それはもともとセルバーグのアイデアです。しかしそれでも一〇〇パーセントというのはなかなか難しいのですが、リーマン予想に画期的に近づいたことでもあります。

セルバーグはもちろんその仕事だけで十分フィールズ賞に値すると思いますが、賞をもらったのは「素数定理の初等的証明」によってということになっています。ところが、その頃に、実はセルバーグは画期的な「セルバーグ・ゼータ関数論」というのを作っていて、セルバーグ・ゼータという新しい図形についてのゼータ関数を発見しています。その図形というのは先ほどのように有限体上のものとかそういう仮想的なものではなくて、例えばドーナッツとか宇宙とか、目に見えるリーマン多様体などと言われるもので、それについてのゼータ関数がセルバーグ・ゼータ関数です。その場合にもちゃんとリーマン予想が成り立ちます。もちろんリーマン多様体に少し制限があり、セルバーグがやったのは種数が2以上のリーマン面というものです。その後いろいろな人によってリーマン多様体の範囲も拡げられていて、ある意味で〝良い〟リーマン多様体であったらリーマン予想が成り立つというところまで来ています。

その証明はもともと調和解析やリー群の表現論、幾何学などいろいろな分野のインターセクションから始まっているのですが、ものとしてはラプラス作用素という微分作用素の固有値を考えると、先ほどのセルバーグ・ゼータ関数の零点が固有値で書ける。ということで、零点がわかり、リーマン予想が成り立つ。ちなみに先ほどの合同ゼータ関数の場合は、フロベニウス作用素というのがあってそれの固有値でわかるというふうになります。このように、二種類のゼータ関数に対してはリーマン予想が完璧に解けているのですが、両方とも零点の実部だけではなく、零点そのものがきちんと固有値からわかってしまう。したがって、虚部も考えようとすれば虚部も固有値がわかればわかることになります。

ついでに言いますと、合同ゼータ関数の研究の発展として佐藤テイト予想というのが出てきたのですが、それは合同ゼータの零点の虚部がどのように分布するかという問題を扱っています。ですからある意味でリーマン予想の先をやっている問題です。一般に、リーマン予想が解けたとしても虚数部分の分布問題は未解明で終わる可能性が強いものです。そのように神秘的な虚数部分にも興味を持ったのが佐藤幹夫さんで、一九六三年に佐藤予想を定式化し、一九六四年にテイトがある自然な解釈を与え、二〇〇六年にテイラーさんたちによって解かれる、というふうになっています。

ですから、リーマン予想そのものも難しい問題で、非常に面白いとは思うのですが、数学あるいは数論から見ると、リーマン予想を解こうとしてなされたいろいろな努力の波及効果のほうが大きいのではないかという気がします。リーマン予想を解くにはタイムマシンの発明のような偉大な革新が必要なはずですが、その革新がいろいろなところに影響を及ぼすはずですし、むしろその夢に期待しているというのが私の個人的な気持ちです。

夢と言えば、今日の話の最初に出てきたメルセンヌ素数が無限個あることを証明したい、

	数論の課題	科学・技術・SFの開発・発明
A1	類体論（1920、高木）類体論は類体を手もとに引き寄せて観察	望遠鏡（ガリレオ、ケプラー）
A2	フェルマー予想（1995、ワイルズ）2次元非可換類体論	電波望遠鏡（可視光以外も使用して観察）
A3	佐藤テイト予想（2006、テイラー）一般次元非可換類体論	ロケット望遠鏡
B1	セルバーグ・ゼータに対する行列式表示とリーマン予想（絵に描ける）	TV（絵で見る画像）
B2	保型表現（1970、ラングランズ）	無線通信（歴史的伝統と不自由さ）
C1	合同ゼータに対する行列式表示とリーマン予想（1965、グロタンディーク；1974、ドリーニュ）	コンピュータ・ネットワーク
C2	ガロア表現変型環（1980、メーザー）	ネットワーク・ウイルス（感染）
D1a	有理数体上のすべてのゼータの行列式表示とリーマン予想	タイムマシンの発明
D1b	一般ガロア表現のアルチン予想	テレポーテーション
D1c	マース波動形式に対するラマヌジャン予想と佐藤テイト予想	ワープ航法
D2a	双子素数無限個	半重力装置
D2b	メルセンヌ素数無限個	反重力装置
D2b	フェルマー素数無限個	負エネルギー装置

A : Arithmetic　B : Basic　C : Congruence　D : Dreaming

数論と科学技術（SF）における課題の難易度

2008.09.29

というのも反重力装置の発明のような数千年先の遙かな夢なのかもしれません。また、佐藤テイト予想が解かれたのは有理数体上の楕円曲線や重さ2の保型形式という場合ですが、これを、マース波動形式の場合にやることはテレポーテーションを実現するのと同じくらいの難しい夢に見えます。このように、数論には一寸先は断崖絶壁の難しさがいたるところにあり、それも数論のたまらない魅力です。

小島　例えばフェルマー予想では、それを解くためにいろいろな「武器」が持ち込まれ、あるときはその「武器」によって新しい数学が作られるというようなことが起こったけれど、別にあの方程式（$x^n+y^n=z^n$）が深められるとかそういうことはなくて、むしろx、y、zを多項式だとすると、自明な解しか存在しないことが簡単に証明できてしまったりする。それに対してリーマン予想のほうは、今お聞きしたところだと、いろいろなゼータが考え出されて、そこで統一的に成り立っているというような、いわば対象そのものがどんどん深化していって、そこで数学者の好奇心を刺激する、というような感じでしょうか。

黒川　そうですね。フェルマー予想の場合は、ある意味でフェルマー方程式（$x^n+y^n=z^n$）だけをやっているわけですね。形が簡単だというのが一番興味を持たれる所以だと思いますが、リーマン予想の場合は、ゼータ関数ごとにリーマン予想の類似があるわけです。ゼータ関数というのは今までも無限個見つかっているし、これからも見つかるでしょう。ですから、数学的な対象がありさえすれば、それだけゼータ関数というのは考えられるはずで、例えば合同ゼータというのは有限体上の代数多様体のゼータ関数で、セルバーグ・ゼータというのはリーマン多様体のゼータ関数で、どちらも空間のゼータ関数です。

もちろん群のゼータ関数や環のゼータ関数もあるのですが、それも大体どちらかです。つまり、群のゼータ関数で良いものはみんなセルバーグ・ゼータ関数になってしまう。リーマン多様体だと基本群というのがあり、基本群のゼータ関数をやるとセルバーグ・ゼータ関数になる。環のゼータ関数をやると、今度は環からスキーム（空間）が作れて、その空間のゼータ関数になる。空間と環というのは対応しているのですね。環があれば空間があるし、空間があれば環がある。ですから、環のゼータ関数はスキームのゼータ関数になります。有限体上の場合だと、合同ゼータになる。

一方、通常の整数を全部含むような環の場合だと、リーマン・ゼータを含むような、一言で言うとハッセ・ゼータ関数と呼ばれている一番難しいものになります。その場合のリーマン予想がまだ解けないのですね。つまり、リーマン予想が考えられる範囲としては、合同ゼータとセルバーグ・ゼータとハッセ・ゼータとあって、合同ゼータとセルバーグ・ゼータは解かれたのだけれど、ハッセ・ゼータは解けていない。そしてリーマン・ゼータというのはそのハッセ・ゼータの一番簡単な場合です。

フェルマー予想や佐藤テイト予想が解かれたというのは、ハッセ・ゼータのある部分の研究ができたからなのです。フェルマー予想のときは、どういうわけかフェルマー方程式から有理数体上の楕円曲線ができて、そのハッセ・ゼータ関数を計算すると、変なことになる。つまり、フェルマー方程式に解があるとすると解ごとに楕円曲線ができて、楕円曲線があるとハッセ・ゼータ関数があるということになり、ハッセ・ゼータ関数を計算するとあり得ないことが出てくる。そうすると、もともと解がなかったということになるわけです。

佐藤テイト予想の場合はもう少し複雑で、楕円曲線だけではなく楕円曲線を何回も掛け合わせたものも考えないといけなくなります。一次元だけではなくて二次元・三次元・四次元と、どんな高い次元のものも考えないといけなくて、それのハッセ・ゼータ関数を考えますから、形のうえでは複雑さはフェルマー予想の無限倍になります。感覚的には一〇〇倍くらいだと思いますが、その場合は先ほどのゼータ関数で言うと、一番難しいと思われるハッセ・ゼータ関数を解析接続がかなりわかるところ——素数定理の類似くらいはわかるところ——でやれば、佐藤テイト予想が証明できる。

今のところ、ハッセ・ゼータの場合にリーマン予想の証明がどのようになされるかというのが、その影響も含めて非常に興味深いところだと思います。

小島　野次馬的な感覚から言うと、フェルマー予想は解けそうで解けなかった問題だったような気がします。フェルマーの時代から攻略してきたとき、要は $x^n+y^n=z^n$ で、その x^n+y^n をできるだけ細かく因数分解して、それでは足りないから複素数の整数やイデアル数の範囲まで分解して……というふうに、結局粉々に因数分解すれば何とかなりそうだったのに、結局うまく行かなかった。長い間それを繰り返してきたのだけれど、不意に因数分解をやめて楕円曲線の式の中に入れてしまうということをやってみた。少し詳しく言うと、$y^2=$（xの三次式）、という楕円曲線の右辺のxの三次式の解のところに、フェルマー方程式の解を放り込んでやる。そして、その楕円曲線のゼータに結びつけたら突然解けてしまった。今までずっとイデアル論とかで攻略していた道筋ではないところで解けてしまった。解けそうだったがためにみんなそこに固執していたのだけれど、解決への道筋は別のところにあった。

一方、ポアンカレ予想がつい最近解決されましたが、これも予想外の方法で、言ってみれば「物理的な方法」を使った。もともとのポアンカレ予想は、二次元で喩えると、とんがったところのある曲面をも含んだ曲面全体に関する予想だったのに、それを滑らかな微分可能な曲面で考え、そのような曲面を変形していってとがった曲面を作る、そんな意表を突いた方法でした。

こういうところとハッセ・ゼータのことを考え合わせると、リーマン予想は解けそうで解けない感じなのか、かなりまだ遠いという感じなのか、その辺はいかがでしょうか。

黒川　フェルマーの場合は $x^n+y^n=z^n$ ですから、例えば x^n+y^n を因数分解しようとすると、複素数の中では一次式に因数分解できてしまうわけですね。その因数分解を使ってフェルマー予想を解こうとしたのが一九五〇年前後までだったと思います。その後やる人が専門家ではいなかったのですが、一九八五年頃にフライという人が、フェルマー方程式に整数解があればそこから楕円曲線ができるということを発見しました。つまり、楕円曲線は方程式を書けばよいわけですから、非常に簡単なやり方で楕円曲線を考えることができるのですね。その楕円曲線のゼータが悪いものになるのではないかという予想をフライが立てて、その方向で証明できるのではないかとしたのです。要するに、有理数体上の楕円曲線のハッセ・ゼータが良いものであるという谷山予想を証明すれば、フェルマー予想からできる楕円曲線というのはあり得ないということになるのです。ですから、谷山予想が証明できれば、フェルマー予想が証明できるという状態になって、一気に二〇世紀中に解決しました。そういうどこかの一点が突破されれば解決するのですね。フライが思いつかなければ恐らくそのままだったろうと思います。

　谷山予想も谷山豊が一九五五年に日光の国際会議で言わなかったら、そのまま埋もれたままだったかも知れません。そういえば、谷山さんが亡くなってから、この一一月（二〇〇八）

でちょうど五〇年になりますね。

ポアンカレ予想の場合は、私はペレルマンが本当に解決していたのかどうかよく知らないほどの無知なのですが、たぶん三次元球面しか出てこないというのは、もともと位相的なところで話を何かやっているはずです。ところが、位相多様体の上の距離（メトリック）や微分幾何構造などを入れて、結局、微分方程式に帰着させるのですね。ですからそれは物理的な手法とも言えますが、数学的には三次元多様体上で微分方程式を解くということだと思います。それは、きっと位相幾何の人たちから見ると意外なのだろうと思います。もともと位相幾何の問題なのに、微分方程式を使わないといけないとか、あまり快く思っていないかもしれませんね（笑）。

リーマン予想の場合は、根本的な手法が見つかっていないというところだと思います。すぐ解けるかどうかと聞かれれば、今の技術ではすぐ解けるとは思えない、というのが回答になりますね。ただ、一つだけ言っておきたいことは、合同ゼータの場合とハッセ・ゼータの場合は、非常に似たところがあって、合同ゼータで使えた手法をハッセ・ゼータに使おうという流れがあります。一般的なトライアルとしては、合同ゼータで使えた手法を変形するということと、セルバーグ・ゼータで使えた手法を変形するという二つがあります。

セルバーグ・ゼータで使えた方法を変形するというのは、例えばコンヌという非可換幾何をやっている人が、非可換幾何の枠内でセルバーグ・ゼータと同じようなことを考えるとリーマン予想が解けると言っています。非可換幾何は最近物理などでもよく使われているものです。前に言ったように、空間と環とが対応しています。普通の空間に対応する環というのは空間上の関数の全体であり、足し算や掛け算が普通にできるのですが、その掛け算はfとgとがあったらfgもgfも同じなのですね。だから可換環と言います。最初に非可換環があったときに、それに対応する空間は何かと言われると、あるようなないようなものです。その場合にあたかもあるような空間を非可換空間と言い、それについての研究が非可換幾何になります。そこでセルバーグがやったような手法を拡張できればリーマン予想ができるというのが一九九六年にコンヌが発表したことです。もちろんそれも有力な解決法の候補です。それと似た手法としては、デニンガーというドイツの人が発表した力学系的考えのものもあります。

一方、合同ゼータは結局ベースとなる有限体上の幾何です。普通リーマン幾何は実数や複素数がベースにあり、それらの上の幾何です。そういうふうに、下にベースがあるものの幾何というのが非常によくわかるので、整数の場合でもベースになるものを作り、その上の幾何として見よう、ということになるわけです。ただし、整数の場合にはそれにあたるものがどう探してもありません。今考えられているのは一元体という、一だけからなる体です。普通の数学の意味では体というのは二元以上ですから、一元体というのはないのですが、一元体上の代数幾何を使ってリーマン予想を解こうとする流れがここ一〇年くらいに出てきました。

私もその一派ですが、ある意味で個人的には一番影響があるのではないかと思っているのは、例えば一元体上の幾何というのができるとすると、全ての幾何を含むはずなのですね。一元体というのは全てのところに含まれるので、有限体上の幾何というのは一元体上の幾何にも入ります。実数体上の幾何も複素数体上の幾何も一元体上の幾何になる。そういう意味で、非常に広い範囲を含むことができます。合同ゼータの場合のリーマン予想やセルバーグ・ゼータのリーマン予想も、恐らく一元体上でやると再現できる。再現できるだけでなく、メインの三種類のゼータの場合に統一的な証明が与えられるのではないかと思います。これはほとんど大風呂敷ですが（笑）、個人的にはそうした一元体上の幾何でリーマン予想が解けると嬉しいということです。

ラマヌジャンの業績と特異性

小島　最後にラマヌジャンについて話して終わりにしたいと思います。ラマヌジャン予想は保型形式の方面だと思いますが、私自身の興味は野次馬的なもので、ラマヌジャンという人が突然現れてたくさんの証明をした式もあるし、予想しただけの式もあるし、その中で解決も否定もされていないものがたくさんあるという、非常に変わった経歴についてです。どうしてそんな変なことをしているのかということについて、ラマヌジャンが最初に勉強した本が単なる公式集で、公式が羅列してあるだけで証明が書いてなかったので、証明を全部自分で考えた、と伝記にあります。ある意味ではでたらめな方法で証明を考えたということですね。伝統的な教育を使わず、独自の「数学感覚」で証明した。だからこそあんな変なことをいっぱい思いついたのではないかと。その辺を含めたうえで、ラマヌジャンはオイラーと似ているのか、それとも全く異質の破天荒な数学者なのか、現代数学の立場から見るとどういうふうに評価できるのか、この辺りについてはいかがでしょうか。

黒川　嬉しいですね。ラマヌジャンは大好きな数学者ですので。ラマヌジャンは、今回の話ではフェルマー予想の証明や佐藤テイト予想の証明など、ここ一〇年くらいで重要な進歩があったことの基礎になっているのです。ラマヌジャンはゼータ関数もやっています。リーマン・ゼータ関数やディリクレ・エル関数というのが一八〇〇～一九〇〇年にかけて研究されたのですが、ラマヌジャンは一九一六年に保型形式に関連して二次のゼータ関数を発見しました。素数に関する無限積で書くと、各因子が二次になるというゼータ関数です。当時は意味がよくわからなかったのですが、二〇年くらいしてドイツのヘッケという人が保型形式というのがあるとラマヌジャン型のゼータ関数ができるという一般論を作りました。それはフェルマー予想の証明のところで非常に重要な働きをします。

もう少し言いましょう。フェルマー方程式に解があると楕円曲線ができる。そして楕円曲線ができるとハッセ予想あるいは谷山予想というものなのですが、それはラマヌジャンのゼータ関数と一致するというのが谷山予想の核心です。ですから、楕円曲線のハッセ・ゼータ関数というのは皆目見当がつかないものですが、一九一六年頃にラマヌジャンがすでに二次のゼータ関数を発見・発明していたので、最終的にはフェルマー予想の解決にも結びついた、というわけです。

もちろん、二次のゼータ関数が発見されれば、三次、四次とどんどん発見されます。だいたい一次だけで済んでいるとそれだけで閉じてしまっていると思うのですが、二次の存在がわかるとどんどん増やすこともできる。佐藤テイト予想の証明には、全ての次数のゼータ関数が必要になってきます。恐らく、そのようなゼータ関数もラマヌジャンが発見しなければ見つからないままだったのではないでしょうか。

二次のゼータ関数の発見と同時に、彼はラマヌジャン予想というのも立てたのですが、それは合同ゼータ関数の場合のリーマン予想の類似、ヴェイユ予想と同値だということがわかって、それもドリーニュが解決します。一九一六年の段階で、二〇世紀の後半に重要になってくるゼータ関数を発見しているということで、やはり歴史上なくてはならなかった人物だった気がします。

もちろん、ラマヌジャンが言った内容でまだ解明されていないものは多く、そういう保型形式に結びつくようなものでもモック・テータ関数などがあり、他にも発展する領域が残っていると思います。現代数学はどちらかというと問題を解くタイプの人のほうが評価される面がありますが、未来に向けての予想を作るとか問題を発見するという意味で、ラマヌジャンは特異な感覚を持っている人だと思います。本当は二一世紀の今になってそういう人がまた出てきてくれると非常にありがたいのですけれど。ラマヌジャンは現代数学とあまり結びついていないという評価の人もいるかもしれませんが、私はああいうタイプの人はますます必要なのではないかという気がしています。
　私にとって、ラマヌジャンはとても親しみを感じる数学者です。美しい数式が憧れです。もしかすると、彼がインドのタミル語圏出身ということも深く影響しているのかも知れません。今年亡くなってしまわれた大野晋先生によると、日本語とタミル語は深く関係しているとのことです。日本語における五・七・五・七・七とタミル語の五・七・五・七・七も対応しているそうです。きっと、数に対する感覚も似ているのではないでしょうか。

小島　近代西洋国家では、数学者は問題を解くトレーニングを受けるわけですが、そういうところから来なかったところにラマヌジャンの特性があって、オイラーとはまた違って、ほぼ直観で式をいじくっているような感じですよね。数学者の間でも、ラマヌジャンがなぜそんなことを思いついたのかとか、なぜそんなことに興味を持ったのかというのはわからないのですか。

黒川　オイラーの頃からすると時間が経っていますので、オイラーについてはある程度わかっていると思います。またラマヌジャンがノートに書いたものについては大抵証明がつけられて、五巻本で出されています。ですからその部分は保型関数論や楕円関数論など、いろいろなところに結びつけた解釈ができていると思います。できていると思うのですが、ただ、私の感じだとまだまだ発展する余地があるのではないかという気がします。つまり、そういう方向から見ると確かにそういう結果なのですが、ものはいろいろな方向から見られるはずなので、もしかしたら本当はラマヌジャンは別の方向から見ていたのだけれどそれがまだ発見されていないというところはかなりあるのではないかと思います。その意味でラマヌジャンの研究はこれからされるべきことではないかと思います。

絶対数学の戦略

リーマン予想のXデー

2009.02.27

リーマン予想とはなにか？ のおさらい

小島　今日はリーマン予想を中心にした数学全般について、思想的な動向を伺ってみたいと思っています。とりわけ興味があるのは、リーマン予想攻略のプロセスで行なわれている「抽象化」という作業についてです。極限まで抽象化するとはどういうことか、そういったことについてお聞きできればと思います。せっかく「スキーム」の話も出てきますので、よいチャンスかとも思っています。

もちろんリーマン予想がメインの話題です。前回の黒川さんのお話では、現在、リーマン予想解決に向けて、大きな進展が起きている、とのこと。つまり、攻略の手筋が見え始めてきた、ということですね。素人の無責任で言えば、Xデーが近づいている(笑)。それだけでワクワクどきどきなのですが、さらに興味深いのは、その攻略の手筋が「スキーム」というものすごく「抽象的」な方法論を使う、ということです。言ってみれば、「新」数学を導入する、みたいな。それなので、リーマン予想の攻略をキイにして、数学思想的背景のようなものまで浮かび上げるのが、本として面白いものになるのではないかと思っております。

ではまず、リーマン予想とは何かというおさらいからお願いいたします。

黒川　リーマン予想一五〇周年(一八五九―二〇〇九)を迎えて身の引き締まる思いです。

リーマン予想というのはもともと素数の分布を研究するというところから来ています。リーマンがなぜリーマン予想に辿り着いたのか、本当のところはよくわかっていません。ただし、彼が素数を深く研究したことは、よくわかっています。実際、リーマンは素数分布の公式を出しています。それは素数全体とリーマン・ゼータの零点全体が対応しているというものです。「フーリエ変換で対応している」と言ったほうが言葉としてはわかりやすいですね。

そこで素数分布を突き詰めていくと、零点の分布が一直線上に乗っているという結論に辿り着きます。ある意味で一番理想的な場合です。そしてこれがリーマン予想です。こういうシンプルな描像になると、素数の分布が一番理想的な分布をします。つまり誤差項が一番小さいという意味で理想的だということです。式を使わないで説明するのは非常に難しいのですが、一言で言うと、「素数が非常に美しい分布をするというのがリーマン予想である」ということになります。

小島　そもそもリーマン予想とはどういうところから始まったのでしょうか。もともとはオイラーが「自然数のべき乗の逆数を全部足したらどうなるか」ということを考えていました。特に平方数の場合に非常に苦労して計算をし、そこに円周率が現れるということが分かって、それにみんな驚いた。おそらくそこから研究が始まったのだと思うのですが、そもそもオイラーはどういうテクニックを使ってそれを導いたのでしょう。

黒川　まずオイラーがどうしてその問題に興味を持ったのかについてですが、一七〇〇年代前半のスイスでは、これは非常に有名な問題になっていました。「バーゼル問題」とも呼ばれていて、一六〇〇年代の終わりくらいからスイスのバーゼルでベルヌーイ兄弟が考えていたものです。要するに、1の2乗、2の2乗、3の2乗……の逆数の和がいくつになるかというものです。結局1.6……になるという小数点以下数桁までしか計算できませんでした。オイラーはベルヌーイ兄弟からすれば少し若い世代になるのですが、その問題を考えていたわけです。オイラーは一七三四年から三五年にかけてこれを解決したのですが、結局、$\frac{\pi^2}{6}$になるという最終的な解決がなされました。

それは非常に意外なことで、自然数の平方をずらっと並べても円周率らしきものはない。

オイラーもそれに辿り着くまでには結構時間がかかっていて、小数点以下二〇桁くらい計算するということをかなりやっていました。最終的には三角関数 sin を因数分解したわけです。sin というのは、0になるところが π とか0とか $-\pi$ とか $\pm2\pi$ とか、無限個あるので、多項式としては無限次です。そして無限次の場合にこれを因数分解すると、根と係数の関係で、先ほどの平方数の逆数の和が $\frac{\pi^2}{6}$ になります。このような非常に鮮やかな導き方をしました。これでバーゼル問題を解決したということで、オイラーはちょうど三〇歳になるちょっと前に世界的な名声を獲得します。オイラーのデビュー作だと思ってよいと思います。

小島　今は平方数の逆数の和の場合のお話をしていただきましたが、もちろんそうなると数学者は立方数の逆数の和とか4乗数の逆数の和を知りたくなります。そしてさらには複素数まで指数にしてしまおうという発想にまでだんだん拡がっていくのですが、オイラー自身は複素数まではやらなかったのでしょうか。

黒川　そうですね。オイラーが最初にやったのは -2 乗の和を考えるということです。これが $\frac{\pi^2}{6}$ になります。次にできたのが、-4 乗の場合です。それは π の4乗を90で割ったものになる。次は -6 乗の和で、これは π の6乗を945で割ったものになる。このように負の偶数乗に関してはできたわけです。立方数の逆数の和についてオイラーはずっと興味を持って考えていたようですが、晩年になって一つ論文を書いています。3乗の逆数の和がある表示式を持ち、それは積分を含んでいるというものです。その積分がよくわからなかったのでそれほど興味は持たれませんでしたが、それから二〇〇年経って多重三角関数というものができまして——この発見には私も関わっているのですが——、それを使うと今度は多重三角関数という言葉から推測される通り、自然数の奇数乗の逆数の和もわかるというふうにだんだんなってきています。

オイラーは整数べきや半整数べきというのも一般にやっていますので1乗の和、2乗の和、3乗の和と、つまり自然数全体の和とか平方数の和とか、そういうものも考えています。例えば1乗の和というのは$1+2+3+\cdots\cdots$ですが、それが$-\frac{1}{12}$になる。平方数だと、$1^2+2^2+\cdots\cdots$と全部足すと、0になる。3乗を全部足すと$\frac{1}{120}$になる。そういう計算をしています。それは普通の意味では発散するのですが、オイラーは「オイラー和公式」という独自の方法で計算しました。それは現代で言うと解析接続をして求める値ときちんと一致します。一方、複素数べきは全く考えていないと言えると思います。なお、“$1+2+3+\cdots\cdots$”$=-\frac{1}{12}$というような式は、現代では量子力学におけるカシミール効果の理論値（繰り込み値）という意外なところに結びついていて、自然が使っているようです。

リーマンはなぜリーマン予想に行き着いたのか

小島　今のが一七〇〇年代のお話ですね。その後リーマンが現れて、複素数まで定義域にすることを考えて、しかも先ほどおっしゃったように、発散するように見えるものについてもそう解釈すれば問題ないということが提示されました。こうしてリーマンが研究をかなり先に進めたのですが、まずリーマンという数学者がどうしてゼータ関数に興味を持ったのか。それとリーマンはゼータ関数について以外にも業績のある人ですが、彼がどういう人物なのか。こういったことをお話いただければと思います。

黒川　まずオイラーからリーマンまでは一〇〇年くらいの時間があります。オイラーがゼータ関数の平方数関連の値を求めたのが一七三四年から三五年です。その後リーマンは一八五九年——ちょうど今から一五〇年前です——にリーマン予想を提出します。リーマンが素数に興味があったというか、整数論に興味があったという根拠は、一八五九年の論文一つしかありません。ですから、どういう経緯でそうなったかということについては推測でしかありません。一八五九年の論文も、ベルリン学士院の月報に一〇ページ弱のものが出ただけで、それ以外何もないのです。

状況を少し整理すると、彼は一八五九年にベルリン学士院の会員に選ばれ、そのために何か報告を一つ書かなければならなくなりました。それでその論文を書いたようです。どうして素数の問題だったのか、というのは本当のところはよくわかりません。しかし、誰の学生だったかとか誰の授業を受けたかということを考えると、リーマンはガウスの最後の弟子くらいの年代になるわけですね。直接教わった人としては、ディリクレという数学者がいます。ガウスが亡くなったのは一八五五年です。ディリクレが亡くなったのは一八五九年で、その代わりにリーマンが学士院の会員になったという感じだと思います。ですから、学生の頃からディリクレの授業は聴いていたのでしょう。

ディリクレはオイラーとリーマンを結ぶ世代です。オイラーがやったゼータ関数の話をちょっと拡張して指標——今だと「ディリクレ指標」と呼ばれているもので、±や絶対値1の複素数を係数に乗せるとか、そういうゼータ関数の変形版のようなものです——を研究しました。これは現在「ディリクレL関数」と呼ばれています。それで解析接続もある程度やって、特にその変数をsとして、1での値を調べて、「ディリクレの素数定理」というのを証明したわけです。ですから、ゼータ関数としてはオイラーが整数での値や関数等式の原型などは見つけているのですが、実関数としてきちんとやって、素数についての何らかの結果を得たのはディリクレと言えます。それが一八三七年です。

ちょっと戻って繰り返します。ゼータというのは、最初は自然数全体に関する和でした。大事なことは一七三七年にオイラーが発見したことで、自然数全体と素数全体が対応するということです。それは素因数分解を経由して対応するのですが、ゼータで言うと「オイラー積」、自然数全体の和が素数全体の積になるということになります。そこが一番重要なところで、つまりそれで素数の逆数の和が無限大になるということを証明したわけです。

この路線が拡張されていってちょうど一〇〇年後、ディリクレが、例えば10で割って3余る素数は無限個ある、つまり一桁が3になる素数は無限個あるということを証明しました。おそらくそういう話をディリクレの授業などで聴いていたのかも知れません。それがきっかけとなってリーマンは素数の分布を詳しく調べようと考えたのだと思います。

それから、アイゼンシュタインという人がいまして、彼はほとんどリーマンと同学年くらいの人です。これは数学者のヴェイユが言っていることですが、アイゼンシュタインがやはりゼータ関数に興味を持っていて、複素関数としての解析接続を最初にやったのはアイゼンシュタインだとしています。つまり当時、複素関数としての解析接続はリーマンがやらなくてももう知られる段階にはなっていていました。ただ、リーマン予想に当たるものを見つけ出すのは、おそらくリーマンじゃないと無理だったのではないかというのが私の感想です。

素数定理

小島　リーマン予想がなぜ重要かという点について、今の経緯でさらにお聞きします。リーマン予想では素数の分布について非常に重要な定理を証明できる、というか、素数の分布が最も自然な形で収まる、とおっしゃっていましたね。その背景には、そもそも「素数定理」というものがあり、素数の個数、例えば一億なら一億までに素数がいくつあるかというのをバッと計算できる公式を数学者はずっと探し求めていました。その素数定理、自然対数の逆数$\frac{1}{\log x}$を積分するとかなりの精度で近似できるというのはガウスが見つけました。しかしそれはまだ証明できない予想の段階だったので、それをどうにかしようという流れがあった。

一方で、今お話いただいた、オイラーのゼータ関数からL関数への流れがありました。ゼータ関数はただ自然数のべき乗の逆数を足しているだけだけれど、分子の1のところを1と-1にしたり、1と-1とiと$-i$のように虚数が出てきたりするようにすると、複数の無限和を足し算合わせて一部を打ち消してしまうことができたりして、10で割って3余る素数みたいなものだけを抜き出すことができるようになるという方法論をディリクレが編み出しました。それがもう一方の素数定理という流れと合流し、そこでリーマンに結びつくわけです。

では、その素数定理のほうについてはどういう流れでここまで来たのでしょうか。

黒川　素数定理そのものがどんなふうになってきたのかについて、本当のところはよくわかっていません。ガウスが一四歳くらいのときにかなりのところまで素数の個数を数えて、それが対数積分、つまり $\frac{1}{\log x}$ を積分したものと非常によく合うというのを見つけたことは確からしいのですが……。ただし、それはガウスがかなり歳をとってから思い出として言ったことで、例えば少年の頃にガウスがどこかに記したということはありません。ですから、それがどれくらい影響力をもっていたかはよくわからないところがあります。もしかしたら個人的に周りの人に話していたかもしれないし、話していなかったかもしれない。

基本的にガウスはいろいろなことを秘密にしています。例えば日記も暗号的に書くような人ですので（笑）、私はあまり話していないだろうと思っています。いずれにしても、素数がどういうふうに分布するかはもちろん昔から大問題でしたから、x 以下の素数の個数、$\pi(x)$ を求めることは、いろいろな人が挑戦したと思います。

リーマンが一八五九年に書いた論文には、その $\pi(x)$ の公式が書いてあります。$\pi(x)$ はイコールという式で書くと、ゼータ関数の零点全体に関する和である、と。これは公式ですから、誤差項が全然ありません。しかし、零点についてはよくわからないことも確かなので、そこのところを端折るといいますか、「本質的な零点は全て、実部が $\frac{1}{2}$ の上にある」と仮定すれば、その誤差項が大体$x^{\frac{1}{2}}$くらいまでに抑えられる。リーマンは素数分布の公式はきちんと書いているので、そこでリーマン予想を仮定すれば誤差項が一番小さくなるという話を導いたのです。ですから、リーマンより前にゼータ関数の零点が$\pi(x)$の公式に影響するか、あるいは零点で素数分布がわかるということを言った人はいないと思います。

小島　その後はアダマールやド・ラ・ヴァレ・プーサンが素数定理を解決するわけですが、そうすると、それらはむしろリーマンのその結果をみて、何を標的にすればいいかということが分かってやっと解決する、という段取りになったということでしょうか。

黒川　ええ、そこはその通りだと思います。結局、リーマン予想を仮定すれば誤差項が非常に小さくなる、ということにはなっているのですが、素数定理では誤差項自体はあまり気にしないで、漸近的な評価を得ようとします。つまり第一次近値です。「実部が1以上のところに零点がない」ことを言えばいいということは、リーマンの素数公式から分かるわけですから。要するに、零点に関してそこの部分だけ証明しようというのがド・ラ・ヴァレ・プーサンとアダマールがやっていたことで、これはリーマンの思想圏で、ある意味で一番弱い結果を証明できたということです。

アダマールの友達にスチルチェスという人がいたのですが、その頃スチルチェスはリーマン予想を証明できた、といって騒いでいました。ですからアダマールも論文で、「スチルチェスはリーマン予想を証明しているので、この結果（実部が1以上には零点がない）ももちろん彼の結果に含まれているが、自分もあえてここで証明する」、というニュアンスで序文を書いています。今から見れば、素数定理を証明した二人がリーマン予想のごく一部を証明したというのは正しいのですけれど、どうもアダマール（ド・ラ・ヴァレ・プーサンはあまりそんなことは書いていないようです）は何か後ろめたい感じの文章を書いていて、今読むとかなり違和感を感じるんですよ（笑）。

小島　ゼータ関数については、オイラーから始まって、リーマンの研究で複素数を全部インプットできるようになりました。次に、複素数を全部インプットしたとき、どこで0になるかということが問題になった。マイナスの偶数のところで0になることはオイラーの時代にやや分かっていたということですが、では残りはどこにあるのかという問題について「実部が$\frac{1}{2}$の複素数の上にしかない」というのがリーマン予想だった。そしてそれがいまだに解決されていない――ここまでのお話はこういうことでした。

ゼータ関数とリーマン予想

小島　ところで、ゼータ関数というものの対称性はリーマンが証明したのでしょうか?

黒川　そうですね。関数等式とゼータ関数では言っていますが、変数が s とすると、s と $1-s$ という変化に関する対称性ですね。オイラーは関数等式の原形は求めていましたが、「対称な関数等式」というのはリーマンが出したということになっています。

小島　なるほど。s で計算できると $1-s$ でも計算できるというのが対称性ですから、s に $\frac{1}{2}$ を入れると $1-s$ も $\frac{1}{2}$ になるのでつまり $\frac{1}{2}$ を中心とした対称性になる、ということですね。

　ということは、数学者は、そこだけに「虚の零点」があるということと対称性とは、何らかの関係があると感じているということなんですか。

黒川　本当は、そこまで還ってちゃんとリーマン予想を説明できればいいのですけれども……。

　つまり、実部が $\frac{1}{2}$ 以外のところにあると、実部が $\frac{1}{2}$ という直線に関する折り返しの点も零点になるので、かなり個数が増えるわけです。ですから、「実部が $\frac{1}{2}$ からズレる」というのをきたないとみなせば、やはり実部は$\frac{1}{2}$の上に全部のったほうがきれいであると言えます。

ではなぜ実部が$\frac{1}{2}$以外のところにないのか。これは結局、「リーマン予想とは何か」ということでもあるので、本当のところはよく分からない部分でもあります。

小島　それらはほぼ同義の問いだということですね。

ゼータ関数についてもう少しお聞きしたいこととしては、ゼータ関数という思想の背後にあるものについてです。そこには関数で実数全体を見よう、整数全体を見ようといった発想のほかにもう一つ、基底変換——視点を変えることによって数の順序を組み替えてしまうとでも言うのでしょうか——そういった思想がそこにはあるように思います。例えば、大学生が一年や二年で習うテイラー展開というのがありますが、それは三角関数とか指数関数のような関数を、多項式で表したらどうなるかという視点から見てしまおうということで、つまり無限次の多項式にしてしまおうというのがテイラー展開の思想であるわけです。

さきほど出てきたフーリエ級数というのは物理でもよく使われるそうですが、要するに、一般の関数を三角関数の無限和で表すことです。自然界の例でいうなら、さまざまな波動を波長の長い正弦波、波長の短い正弦波などの和として分解すると物事が見えやすくなる、という感じでしょうか。また、母関数というのは——これもオイラーが始めたことなんだろうと思いますが――統計学なんかでもよく使われていて、不確実性を組み立て直す、つまり期待値を次元の低いところの平均からより高次の平均に分類して、その総和で表すというふうに使われている方法です。

　このような感じで、ゼータ関数というのも、「数や関数を分類し組み立て直す」というような思想を実践したものだと考えてよいのでしょうか？

黒川　母関数という意味からすると、自然数全体を全て並べたとき、並べただけだと分かった気にはならないので、それに重みをつけて足し合わせるというのがゼータ関数だと思うんです。「重みを足し上げる」というのがそもそも母関数の考え方ですけれども、特にゼータ関数の場合は自然数の $-s$ 乗を足し上げます。一般のゼータ関数になると、そこにもう少し別の重み、つまり複素数を前につけて足し上げる。そうすると（なぜそれが有効かというのは本当のところはよく分からないのですが）自然数に関する性質や素数に関する性質がいろいろ出る。これがゼータ関数のご利益です。

ゼータ関数の歴史遍歴――リーマンからセルバーグへ

小島　ゼータ関数のその後の流れを追うと、リーマンの後にゼータ関数に大きな貢献をした人はセルバーグになるのでしょうか?

黒川　名前を挙げれば、初期にはハーディというイギリス人が大きいと思います。ハーディは一九一四年に、リーマンゼータの零点が、実部が$\frac{1}{2}$の上に無限個あるということを証明しました。それ以前には、少なくとも公式には、そういう結果はなにもありませんでしたから、ハーディの結果が出たことでリーマン予想が正しそうだと思った人が多かったのではないでしょうか。

　ただハーディの結果については、一九三二年にジーゲルがリーマンのゼータ研究遺稿を調査して――これはジーゲル以外にも多くの人が調査したけれども分からなかったといういわく付きの遺稿ですが――リーマンは実部が$\frac{1}{2}$の上に零点が無限個あることを証明していたということが分かりました。書かれたのは一八五九年かその翌年くらいのはずなので、ハーディより五〇年から六〇年は早いということになります。ですから、ジーゲルは一九三二年にそれを解読して発表したのですが、リーマン以後の七〇年分くらいはある見方をすると無意味になってしまったというような状態です。リーマンは全く発表してなかったけれど、実部が1/2の上に零点が無限個あることの証明、さらには、その数値計算もリーマンがやっていて、ゼータ関数の表示式も見つけていたわけですからね。これは現在では「リーマン－ジーゲル公式」と言われていて、零点の数値計算にはそれが使われています。だから一九〇〇年代の前半については、ハーディがやったことはもちろん歴史的には有意義ですが、発表されていなかった研究まで考慮に入れれば、ある意味でリーマンにはもうそれは含まれていたと言える。

リーマンに含まれていなかった結果を最初に出したのが、セルバーグです。一九四二年、リーマン・ゼータ関数の虚の零点のうち正のパーセントは実部が1/2の上にあるということをはじめて証明したわけですね。これは、どうみてもリーマンはやっていませんから、それがリーマン以降の最初の「結果」であったと言える。この間の数学史を非常に簡単に書けば、リーマンが一八五九年に素数分布公式を出して、その「リーマン予想」について一九四二年にセルバーグが少なくとも正のパーセントは正しいと証明した、ということになります。

その後、一九七四年にレヴィンソンという人が虚の零点のうち三四パーセントは正しい——簡単に言えば1/3は正しいということを証明しました。そして一九八九年にはコンリーが四〇パーセント、2/5は正しいというところまで証明した。ただ、数値をあげるというのは、方針さえわかってしまえば、ある意味ではそれほど難しいことではないわけで、最初に0パーセントから正のパーセントにするというのとは格段に違います。ですから「正のパーセント正しいといえる」と証明したセルバーグが成したことは、やはりリーマン予想研究において一番画期的だったと思います。

小島　セルバーグはたぶん数論でいろんな業績を残している人で、知っている限りでも素数の個数に関して、「セルバーグのふるい」など、素数を篩い分ける方法を発見した人ですが、セルバーグというのはどういう数学者なんですか？

黒川　セルバーグは二〇〇七年八月六日に亡くなったんですよ。一九一七年六月一四日生まれなので、九〇歳ちょっとでした。アメリカ数学会の『ブリティン』(*Bulletin of AMS*)という雑誌の二〇〇八年の号にセルバーグの三〇ページ以上に渉るかなり長いインタビューが載っています。これは二〇〇五年に行われたインタビューなのですが、彼が若いころから晩年までどんな風に数学をやったかというのが、非常に詳しく語られていました。

セルバーグはノルウェーのオスロ大学で勉強していて、一九四二年の研究成果というのはそこで出しました。その頃に、第二次世界大戦が勃発したので、一九四〇年代の半ば過ぎに彼はプリンストン大学の高等研究所に逃れ、亡くなるまでそこに居ることになります。ただ、セルバーグが誰に教わったかといえば、結局、ほとんど独学だったと思うんです。セルバーグの家はお父さんも数学者、お兄さんも数学者という数学者一家なので、先生がいなくても数学者になれたと思うんですが、彼の数学の先生というのはあまり見当たらないように見えます。家族以外では、ステルマーという数論に興味を持っていた数学者がオスロ大学にいて、ラマヌジャンの数学について紹介したステルマーの文章を読んだりするなど影響を受けたようです。ステルマーはオーロラの研究もした人です。数論に限って強いて言えば、ノルウエーの数論の伝統から見ると、「ブルンのふるい」というのをつくったブルンという人がいて、その人が思想的な「先生」なのかなという気がしますけれど。この、ふるい（篩）というのはギリシャ時代のエラトステネスが発見した、素数を篩って残す方法「エラトステネスのふるい」が大本になっています。セルバーグは彼自身も「セルバーグのふるい」を発見し、ふるいを好んでいました。セルバーグは非常に独特のスタイルを持っていた人で、あんまり軽々しく言うとまずいですが、やはり天才なんですよ。ゼータ関数の話でも出てきますが、セルバーグ・ゼータというのも発見しているし、一言でいうとリーマン予想に今までで一番近づいた人だったと思います。セルバーグの全集は二巻本で出てはいますが、セルバーグには結局出版しなかったリーマン予想やゼータ関連の研究も多いようです。まだまだセルバーグの数学というのは汲み尽くされていないように思います。

小島　ゼータ関数に貢献した二〇世紀の人の話として、セルバーグの話をしていただいたんですが、年表だとコルンブルムが非常に重要な仕事をしていると思います。前回も一度お話しているかと思いますが、話の流れ上、必要だと思うので、コルンブルムについてもお願いします。

黒川　コルンブルムは志願して第一次世界大戦に参戦して、一九一四年に二〇代の半ばくらいで亡くなっている人です。ですからコルンブルムが書いたものというのは一つだけしか残っていなくて、それも一九一九年、亡くなって五年くらい経ってから、数学雑誌（*Math. Zeit.*）に発表されたものだけです。これは、数論の大家のランダウがコルンブルムの書いた論文を編集して出したものです。それを見ると、コルンブルムは有限体上の関数環、多項式環のゼータ関数を最初に研究してディリクレの素数定理の類似までやっています。

　その後コルンブルムの名前はほぼ忘れられるのですけれども、一九二〇年代の半ばくらいにアルチンという（後に有名になる）数学者がそれを拡張し、学位論文で合同ゼータを計算するということをやっています。アルチンは種数が1以上のゼータ関数をいろいろ研究し、リーマン予想の類似が成り立つのではないかとか、そういうことをいろいろやりました。このアルチンの九〇ページくらいの論文の最初のほうには、コルンブルム論文を参考にしたことについて小さく注がついてはいるのですが、そういうのは普通見逃されます。アルチンもドイツの大学にいてコルンブルムのことはよく知っていたからか、あまり丁寧に言及しなかったので、今では合同ゼータといえばだいたいアルチンが始めたことになっています。実際にアルチンの論文を読んでいると、なぜ多項式環（種数0）に対してやらないのかと疑問に思うのですが、それは種数が0の場合についてはコルンブルムがやっていたからなんですね。ですからコルンブルムのあの論文は時代に先駆ける非常に大きな成果であったと思います。

p進数の世界

小島　そのほかのゼータ関数に関する大きな進歩といえば、前回にもちらっとお話が出ましたが、「p進数」という世界の中でゼータ関数を展開するという方法論がつくられたということがあります。

今までお話してきたのは、複素数をべき（指数）にして、複素数上の関数としてゼータ関数をつくるということでしたけれども、二〇世紀になってから実数とはまた違う、けれども、実数と似たようなことができるp進数という世界ができて、その上でゼータ関数を考えようという、ゼータの世界を拡げるというようなことが起こりました。今回の話と密接に関係するのかどうか分からないのですが、その辺についてはいかがでしょうか。

黒川　ゼータ関数は自然数の$-s$乗の和をとります。$-s$乗というのもsに複素数を入れてやると、nの$-s$乗は複素数になります。それを複素数の中で足し上げるということで、そういうのを複素数値ゼータ関数といいます。こうして、普通はゼータ関数というのは複素数値で考えるということになりますから、リーマン予想というのも複素数値ゼータ関数で考える。二〇世紀になって起こったp進数という場合も、自然数のp進数べきがp進複素数のなかに入ったものを考えることになるわけです。一般的にp進数と言っているものは実数にあたります。

普通のp進数の複素版というのがあるのですが、それには普通のQ_p（Q_pというのはRという実数に対応する）の代数閉包をとります。代数閉包とは、そこでの多項式の零点（根）全体を付け加えるというものです。実数体Rからは複素数体Cができてきます。Q_pの代数閉包をとるとCという複素数体に対応しそうなんですけれども――代数的には代数閉包だからそれでいいんですが――p進位相というのでいうと完備じゃないんです。だから、コーシー列が収束しなかったりする。そうすると解析ができないので、Q_pの代数閉包を一回とったあとで、p進位相に関する完備化というのをとる。それがC_pと書かれるもので、複素数体Cにあたるものになったということですね。そうするとC_pのなかでは大抵、複素数値と同じようなことが全部できる。だから、自然数の$-s$乗というのもC_pなかで考えることができる。

――というのが、p進ゼータ関数ということになるわけです。そのp進ゼータ関数が表れたのが一九〇〇年代の後半です。一九六〇年代に久保田とレオポルトが発見しました。そして、それと前後して岩澤理論が出ました。p進ゼータ関数をある行列式として書くというような予測を岩澤さんは立てたんです。これが岩澤主予想といわれるもので、一九八〇年代半ば頃からだいぶ解かれていきました。それが、たとえばフェルマー予想の証明に非常に有効だった。

リーマン予想との関連について少しだけ話しておきます。p進ゼータ関数の行列表示というのは複素数値のゼータ関数の行列表示の対応物として研究されていました。岩澤さん自身もリーマン予想の証明方針として、複素数値のゼータ関数を行列表示すればいいということをよくご存知だった。それ自体は一九四〇年代の終わりくらいにヴェイユがいろんなところに書いていますし、それを代数体に付随した場合にやるのにはどうすればいいかというのもヴェイユが何度か書いている。そのためには、類体論にでてくるイデアル類群というのをよく調べれば非常に役に立つに違いないというようなことを言っている。イデアル類群というのは代数曲線のヤコビ多様体というのにあたります。

有限体上の代数曲線については、代数曲線の合同ゼータに対するリーマン予想を一九四〇年代の初めに、ヴェイユが証明したんですが、その場合はヤコビ多様体を使うのが基本的な方針でした。ヴェイユはそれと同じようなことが代数体でもできると空想していたんですね。

たぶん、いろんな機会にこうやったらいいということを言っていたんでしょう、岩澤理論というのはその一つの反響です。ですから最初は複素数値のゼータ関数が出てくると思ってたはずなんですけれども、出てきたのはp進ゼータ関数だった。それは複素数値のゼータ関数というリーマン予想には結びつかなかったのですけれども、p進ゼータ関数の表示をつくるということはこれで非常に深い結果です。それなので、一例として、フェルマー予想の解決に非常に有効だったわけです。

もうひとついいますと、ヴェイユが合同ゼータに対するリーマン予想を証明できたのは、有限体などの「基礎体」があったからです。それの係数拡大というのを使うとヤコビ多様体というのがうまくできる。代数体に係数拡大をやろうという強い動機があって、岩澤理論というのが出来たわけなんです。岩澤理論というのは、〝代数体のヤコビ多様体〟を作るために代数体を無限次に拡大する、ということが基礎にあります。ですからp進ゼータに対しては、複素数値のゼータ関数よりは早く成功を収めたと言えます。

F_1とスキームの最前線

小島　これで歴史的な流れについてはだいたいうかがえたと思いますので、ここで最前線の状況についてお話いただきたいと思います。

黒川　前回、小島さんとお話をしてから五カ月くらいたちましたが、その後、直接的にリーマン予想を証明するものではないのですが、一元体（F_1）上で数学をやるという論文がたくさん出ています。その中心にいるのは前回の話にも出た、フィールズ賞もとっているコンヌという大数学者です。コンヌは二〇〇八年からF_1に非常に興味をもって論文を書き出しました。今年は三月にボルチモアで研究集会があるので私も出かけますが、そこでリーマン予想関連の話が出ることになると思われます。「関連」というのは、具体的には、F_1上で数学をやるとリーマン予想などがどうなるのか、というのが主眼である、という意味です。

一元体上の数学（絶対数学）についてお話ししましょう。そのためには、考え方の流れとして、スキームについて触れておくのが良いと思います。今までの数学は複素数体上や実数上、あるいは整数上でやってきましたが、それらを包括するものとして、グロタンディークという人が二〇世紀の半ばに「スキーム理論」をまとめあげました。

ここでスキームとは何かについて補足すれば、スキームとはある種の空間、図形だと思っていただければいいです。歴史的に言えば、二〇世紀半ばくらいまで、主に空間を研究するために空間上の関数を研究するということをやっていた（もちろん今でもやっていますが）。この研究によって、「空間」と「空間上の関数の全体」（これを「環」といいます）が対応していることが証明されたわけです。空間から環を作るには、その上の関数の環をもってくればよい。逆に環から空間を作るには、その環の極大イデアル全体をもってくればよい（可換環の場合）。これがゲルファントの結論（一九四〇年頃）です。それを推し進めると、もう空間はいらない、となる。空間を考えず、可換環の素イデアル全体をスキームと名付けて、そこから数学をやろうというのがグロタンディークの発想です。素イデアル全体は極大イデアル全体を含んでいて、しかも使いやすいのです。そこに出てくるのは任意の可換環となります。つまり、可換環というのは基本的には整数全体の環Zを含みますので、Z上の環、あるいはZ上の代数から作った空間全体が「スキーム」ということです。

もう一つ、スキームにおいて別の発展があったので、これも補足しておきましょう。一九八五年、コンヌが非可換環上から同様のことをやるとどうなるか、ということを一つのまとまった考えとして出しました。彼は非可換幾何、あるいは非可換微分幾何について、最初のまとまった論文を出しました。非可換環であれば、素イデアル全体をとってもあまり良い空間はできません。空間上に関数があってそれを微分する、という場合、変数があるとそれができるのですが、「変数」がなくても、「環」がありさえすれば抽象的な「環の微分」というものが対応します。そうすると、微分幾何ができる。微分が入ってくると解析ができる、ということで、コンヌは非可換幾何や非可換微分幾何を始めました。このように段階的に進歩して、二〇世紀末には数学において、あえて空間を必要としない状況が生まれていたんです。

ここまでは「環」であり、ここから広げようとすれば、「足し算という演算を忘れてかけ算だけにする」、つまり「モノイド」にするということになります。例えば正の整数全体はモノイドです。1という単位元があるけど、2の逆元はない——$2 \times x$で1になるようなものはない、というようなことですね。そしてモノイドから数学をする、つまりF_1上から数学をやる、という大きな変化があったのが最近の動きなんです。

一元体というのは1だけの体（F_1）上の数学です。ただ、1というのは、あえて「一元体上の数学」という必要がないほど至るところに入っているものなので、これまでも気付かれないうちに行なわれていたことが多いんですよ。例えば大学一年生のときに線形代数なんかをやると出てくる「置換群」——n個の元の並べ替え（n元あればn階乗個）——があります。しかし、この「置換群」はGLnというような「線型行列群」と比べるとなんだか異様な群なんです。群論としても特殊なものとして扱われます。文献でいえば、一九五六年にティッツがこの不思議さについてきちんと書いています。それは、一元体というものがあると、例えばSnという置換群もGLnのF_1と書けるのだ、と。こうして、F_1上の数学という五〇年近く忘れられていたものが、ここ一〇年くらいでいろいろな人が研究するようになりました。やっと再発見されたといえますね。

F_1というものがあると仮定するといろいろな話がスムーズにいく、ということが、こうしてF_1が広まった背景としてあったのは確かです。そして最近、そのF_1を前面に出して研究しようということになってきた。空間概念としては、F_1スキームというものが来るべき新数学世界となります。それは物理的空間の真相も示しているに違いありません。先ほどお話しした、合同ゼータのリーマン予想類似においても、基礎体（有限体などの基盤となる体）が何か存在している、というのが重要で、その上で物事を考えています。前回の話で出たセルバーグ・ゼータも、実数体や複素数体上で考えるというものです。セルバーグ・ゼータは「リーマン面」という図形のゼータ関数を研究する。リーマン面に対してゼータを作るとリーマン予想の類似が成り立つ、というものです。これは一九五二年にセルバーグが証明しました。それから五〇年が経ちましたが、ついに万能の基礎体F_1が現れたわけです。

F_1からリーマン予想へ

黒川　いままでリーマン予想の類似が確立されているのは有限体上の合同ゼータと、複素数体あるいは実数体上のセルバーグ・ゼータの二種類です――あるいは、その二種類だけしかないというのが実情でした。リーマン・ゼータ、さらにはハッセ・ゼータといわれるものは、整数を全部含んだ環上のゼータです。そこで合同ゼータやセルバーグ・ゼータと同じことをやろうとすると、基礎になる「体」がないという困難が生じます。例えば代数体の場合、岩澤理論では基礎体の類似物をつくるということをやりました。ただし、出てきたものは複素数値のゼータではなくp進ゼータでしたから、リーマン予想の解決という意味ではあまりうまくいきませんでした。そこで一元体上の話では――むしろ開き直って（笑）――1はいずれにしても含まれるのだから、1だけからなるものを「F_1」と名付けています。「整数」にしても、整数のなかに1は入っているので、F_1上のスキームはもはや「環」からでなくてもいい。モノイドであれば（演算がひとつあれば）F_1上のスキームをつくることができるということになります。これでリーマンゼータなどを全部扱おう、というのがF_1上の数学です。

　これが二〇〇八年の終わり頃から特に活発に動いている。それはコンヌがF_1に興味をもって手を出し始めたというのが大きいのです。前回の話にも出ましたが、一九九六年頃にコンヌは非可換幾何を使えばリーマン予想が解けるはずだと言っています。もう少し具体的に言えば、非可換幾何における「セルバーグ型跡公式」ができればリーマン予想が証明できることを発見しました。残念ながら、そのセルバーグ型跡公式はまだ証明できていないので、リーマン予想の証明には至ってはいませんが、それはある意味で非可換幾何がよく解明されていない新しい分野なので、セルバーグ型跡公式の非可換版をどう解釈したらよいものかもよく分かっていないということです。それができればコンヌの言うようにリーマン予想の証明にも繋がるでしょう。

ここ一〇年ほど、コンヌは非可換幾何周辺で膨大な仕事をしてきました。最近はよく、マチルデ・マルコーリ、カテリナ・コンサニという若手の女性研究者たちと三人で論文などを発表していますが、ゼータ関数に結びつくものだけでも千ページを超えていると思われます。二〇〇八年にも八〇〇ページにもおよぶ非可換幾何を中心とする著書を発表しました。そうしたなか、特に二〇〇八年後半から、コンヌ周辺の研究者がF_1を積極的に使うようになってきたんです。非可換幾何とはC^*環のことで、基本的にC上の環です。これらのものをF_1上でやるようになったんです。もっとも、その際に、F_1上の可換幾何だけではなく、F_1上の非可換幾何もやりたいというのがコンヌの考えの特徴と言えるでしょうが。いずれにせよ、それに関する膨大な仕事がなされるようになってきました。ですから少なくとも、二〇〇八年前半とは違う状況が生まれてきたというわけです。簡単に言うと、今まで非可換幾何で扱ってきたものを、より一層直接的にF_1幾何で扱うという段階です。たとえば、「リーマン予想が非可換幾何におけるセルバーグ型跡公式から証明される」、とコンヌが言っていたときに使った非可換空間とは「アデール環を有理数体の乗法群で割った空間」という非可換空間でした。その正確な構成は非可換幾何特有の面倒な手続きが必要でした。しかし、F_1幾何になった今は「アデール環を乗法モノイド（つまり、F_1代数）と見て有理数体の乗法群で割ったF_1代数」としてより直接的に扱えるものになっています。

二〇〇九年も三月のボルチモアから始まる研究集会が予定されているなど続々とコンヌ主催の企画が立ち始めていますが、そのいずれのタイトルにも「F_1」が含まれているような感じです。今年はリーマン予想一五〇年目ということもあるので、大きな成果も期待できようという状況です。

なお、リーマン予想は一八五九年一一月に『ベルリン学士院月報』に発表されたので、今年の一一月がちょうど一五〇年目ということになります。それを記念して、日本でリーマン予想の国際研究集会が開かれますので、紹介しておきましょう。それは、九州の福岡で一一月九日―一三日に開催され、タイトルは『Casimir Force, Casimir Operator and the Riemann

Hypothesis（カシミール力、カシミール作用素、そしてリーマン予想）』です。詳しくは、九州大学のウェブページ(http://ccrh2009.math.kyushu_u.ac.jp)を見てください。この研究集会は、リーマン予想一五〇周年とともにオランダの物理学者カシミールの生誕一〇〇周年も記念しています。カシミールは、今日の話のはじめのところにも出てきましたが、ゼータ関数の特殊値

$$\text{“}1+2+3+4+5+6+7+8+9+10+\cdots\cdots\text{”}=-\frac{1}{12}$$

を理論値とするカシミール効果の発見者として有名であり、表現論で重要なカシミール作用素（通常はセルバーグ・ゼータの行列式表示に必要なラプラス作用素として現れている）にも名を残しています。研究集会では、リーマン予想の研究者として著名なデニンガー（ドイツ）やハラン（イスラエル）、先に名の挙がったコンヌの共同研究者のコンサニさんも講演します。もちろん、私も絶対数論の講演をします。

小島　F_1上の幾何学をどう展開していけばリーマン予想が見えてくるのか。そのプログラムのようなものは既にかなり明確にできているということなのでしょうか?

黒川　まずは、F_1上のゼータ関数の話を作らないといけないんです。これまでハッセ・ゼータと呼ばれていたものはZ上のゼータ関数なので、それは当然F_1上のゼータ関数になるはずです。ZというのはF_1を含んでいるという意味だからです。つまり、F_1上のゼータ関数

論という膨大なものを作ることによって、リーマン予想を証明することが目標となっている。その一部に、ハッセ・ゼータも合同ゼータもセルバーグ・ゼータも入るということです。

小島　ということは、まだゼータ関数を作るところまでは至っていないということですか。

黒川　微妙な言い方になりますが、来月のボルチモアの研究集会の一つの目的はそこにあるんです。ですから「ほぼできている」という段階ですね。

スキーム論の考え方

小島　リーマン予想関連においてはそれほど詳しくつっこむ必要はないのかもしれませんが、スキームについてもう少しうかがいたいと思います。数学ファンの読者でも、数学科の学生でも、このスキーム論で躓く人が多いようですし、今日は専門家に「ぶっちゃけた」スキームについての話をうかがえれば嬉しいなと思って質問させていただきます。

まず、グロタンディークがスキーム理論を作り上げるに至った動機について、前回その原点にはリーマン予想があったという話をしていただきました。そのあたりについてもう少し詳しく聞きたいというのが一つ。

もう一つ、この本のためにスキーム論をにわか仕込みで勉強したのですが、学びつつ感じたのは、数学は一九世紀から二〇世紀にかけて高度に抽象化される過程でいろいろな手法が編み出されてきたけれど、その根底は非常に似通っているのではないか、ということです。大胆に言ってしまえば、代数でも幾何でも解析学でも、やっていることは同じなのではないか、という直感があったんです。単にそれぞれの分野で固有の素材を使うためにそれが迷彩となって見抜きにくくなっていますが、それらを剥がしていけば非常に類似した手法、カテゴリーがあるのではないか、と。そうしたカテゴリーに対するオブジェクトがあり、そこにモルフィズムがあり、要するに合成の結合法則さえあれば数学は展開できるのではないか……。一方で、「局所」と「大域」ということを考えたとき、微分可能性や連続性などは局所的な性質であり、点の周りにちょっとした膨らみがあればそこで展開できます。それらをうまく繋げていくことができれば、大域的な性質が出てくると言えますよね。そこをカテゴリーからどのように繋げていくのか？　――こうしたことをスキーム論ではやっているのかな、となんとなく思ったわけです。

そこまで全てを削ぎ落としていった上で何かを作れば、整数（＝とびとびの値をとるもの）の上で微分をやったり、何か想像のつかないことができるようになるのではないか。グロタンディークはこう考えて、スキームという極限まで抽象化した理論を築いたのではないのかなどという印象を持ちました。黒川先生は専門家としてこれをどのようにご覧になっているのでしょうか。

黒川　まず歴史的に言うと、グロタンディークがスキーム論で合同ゼータのリーマン予想を解決しようとした際に問題になったのは、$\mathrm{F_p}$というp元体上の代数的な図形でした。代数幾何的な性質を調べなければいけなかったわけです。一九世紀に代数幾何が始まったと言っても、それは全て実数や複素数、つまりxy座標やxyz座標のなかに図形があるというイメージでした。グロタンディークが最初に問題にしたのは、$\mathrm{F_p}$上の代数空間をどう考えるかということでした。ヴェイユは、抽象代数幾何学というものを一九四〇年代に作って、$\mathrm{F_p}$上の代数曲線の合同ゼータに対するリーマン予想を証明したんです。これはもちろん次元が1の場合ですから、それを一般化しようというのがグロタンディークの立場でした。グロタンディークが研究を開始したとき、$\mathrm{F_p}$上の代数空間というものは高次元まで応用するには充分にはできていないという状況でしたので、一般化するにあたって、そこが最初の動機であったと思います。複素数や実数と違う$\mathrm{F_p}$上においては、座標をイメージすることからして難しいですし、pで割れないなど、いろいろな制限がつきます。そのために、$\mathrm{F_p}$上の環から空間を直接つくる――ヴェイユの古典的なやりかたではなく新たなやり方として――ということが、スキームの考えのはじまりにあります。グロタンディークの意図は、『代数幾何学原論（全一三巻）』を書き上げることによってスキーム論を確立し、最後の第一三巻において合同ゼータのリーマン予想を解決する、というものでした。その方針は、その通りには実現されていません。半分程度が出版されたという状況です。ドリーニュが合同ゼータのリーマン予想を解決したのはグロタンディークの超人的なスキーム論に拠っているのは当然ですが、最後の部分は、ある意味でショートカット（短絡路）を使ったのです。

グロタンディークの研究においてはしばしば抽象性が強調されます。その一例が「圏」（カテゴリー）の活用です。スキームを考えるとは、可換環があればその素イデアル全体を考えることですが、それがまず最初の空間になります。次にその空間を考えようというとき、言い換えれば、その上の関数全体について考えようとするとき、もちろん、最初に与えられていた環はまず「その上の関数環」として考えられます。それ以外にも〝関数〟がたくさん入れられれば一層豊富な理論ができるはずです。そこで、環だけではなくスキーム上の「圏」も環の一種として考える（たとえば、層の圏）というのがグロタンディークの考えです。下部構造がスキームだとしたら、上部構造が圏であり、下部構造が上部構造によって決まる、という感じです。

これを一元体上の数学という観点から見ると、圏というのはオブジェクト（対象）がいくつかあり、その間にモルフィズム（射）があり、モルフィズムが結合法則を満たしていればいい、というものです。ここでオブジェクトが一個の場合を考えると、それはモノイドそのものです。オブジェクトが一個であれば格別オブジェクトを考えなくてもいいということなので、モルフィズム全体を考えることになります。すると、モルフィズムの間には結合法則が成り立つものなので、モノイドそのものだということになるのです。ですから、モノイドというのはオブジェクトが一個のカテゴリーであり、カテゴリーとは「モノイドの拡張」と考えれば分かりやすいでしょう。つまり、モノイドは「一対象圏」や「単圏」と言っても良いのです。カテゴリーは、モノイドの対象を増やしたということですね。ですから、F_1上の話においてはカテゴリーからスキームを作るということも当然含まれます。そういう意味では、「カテゴリーから直接数学をやる」というのがF_1数学の一つの側面です。ですから、グロタンディークの考えはF_1にもうまく入っていると言えると思います。もちろん、それだけに、F_1スキーム論（絶対空間論）はグロタンディークのスキーム論（それは一万ページくらい必要だった）に輪をかけて膨大なものになることも意味しています。

小島　今のお話を読者向けにもうすこし噛み砕いてお話ししておきましょう。

数学では、具体的な、卑近なところで何か法則を見つけて、それが一般的な対象についても成り立つことが発見されていく、という方向で進歩していくことが多い。代数幾何の観点から言えば、「パッポスの定理」という非常に古い定理があります。二つの直線上にそれぞれ三点ずつとって、蜘蛛の糸のように結ぶと、新しくできる交点三つはやはり直線を成して並ぶ、というものです。これが直線に固有の性質というわけではなく、円でも同様に成り立つ、ということをパスカルが発見しました。それをきっかけにして、その後、楕円でも双曲線でもかなり広く成り立つものだということが分かってきた。最初に発見し、証明したときには、直線の固有の性質を使って証明しているのだけれども、徐々にそのような強い性質は不要であり、本質はもっといろいろな図形も備えている別の性質にある、ということが解明されていきました。このような探求を極限まで進めていこうというのが代数幾何の思想です。

スキームに至るまでには、ヒルベルトがはじめた代数幾何が花を開いたと言えると思うのですが、先ほどの例でいえば直線や円を楕円にしたり双曲線にしたり……つまり、一般的に n 次多項式の何本かで作られる連立方程式の解の点集合はどうなっているのだろう、ということを考えるようになったとき、ヒルベルトがそういうふうに考えるよりはイデアルをつくってやるともっと美しく物事が見えるということに気付いて、イデアルを使って交点集合を空間に拡張して考えた。こうすると、その空間の上に距離のようなものを考えることができ、距離空間として扱うことができるようになります。そこで、環が重要だと分かってくる……。

このように数学は抽象に向かって進んでいくわけですが、先生のお話をうかがうと、グロタンディークは逆の道を辿りはじめたような気がします。つまり、F_p上のゼータをつくるためにはいろいろ困難なことがあるので、これまで突き進んできた「空間→特殊なイデアル」という道を逆に辿って、「一般のイデアル→空間」とし、その集合の上に位相を作っていく。するとと入ってきたところとは違う広い世界に出て、そこでゼータ関数が作れればいろいろなことがうまくいくのだと考えたのだなと理解しました。そこでもうまくいかないことをさらに突破するには、もっと抽象化した所から同じことをする、つまりF_1というモノイド上のカテゴリーから出発して――これは「空間」ではないのかもしれませんが――世界を作り、そのなかでゼータを定義する。このような方向に今向かっているところなのかなと。このような理解でよろしいでしょうか？

黒川　そうですね。ヒルベルトは環と空間をそれほどきちんと表明はしていなかったと思いますが、素イデアル全体と点が対応するということの原型は、「ヒルベルトの零点定理」として作り上げています。それを逆に使うと、環があれば空間ができることになり、スキーム論に至るわけです。ですから、グロタンディークがスキーム論を作ったことは確かですが、もちろんその前にはいろいろな人の研究があったというわけです。

グロタンディークの特徴は、抽象化が他の人とは段違いに激しかった、ということでしょう。例えば位相を考えるにつけても、普通なら「開集合全体」をもともとの空間のなかで考えるところですが、「グロタンディーク位相」では「開被覆」、つまりある種のカバリング（被覆）までも下の空間の〝開集合〟だと考えます。グロタンディークはカテゴリーを全面的に使ったところが、他の数学者と全く違ったわけです。カテゴリーがなぜ有効かは、私にはよくわかりません。カテゴリーとは、非常に荒っぽく言ってしまえば関数環と言ってしまっていいと思います。空間があれば、それにはあるカテゴリーが対応する。カテゴリーから全てのものを出そうというのが、カテゴリー論の思想です。

F_1理論とカテゴリー（圏）、そして未来

黒川　ですから、F_1上の話というのは、一つの考え方としては、カテゴリーの話だと言ってしまったほうがはっきりするのです。カテゴリーのゼータ関数というのを研究し、そのなかに今までできたゼータ関数を全部入れてしまう。別の言葉で表現すれば、F_1理論とはそういうことです。その意味で、F_1上の数学（絶対数学）というのは、単に「カテゴリー化」というよりも、カテゴリーのゼータそのものを探求するというところに重要性のある話だと言えます。

小島　すると、大まかに言えば、カテゴリーの上でのゼータ関数を作ってリーマン予想を証明することに成功すれば、その一部である通常のゼータ関数のリーマン予想というのも証明できるということでしょうか。

黒川　そうですね。ゼータ関数というのは、合同ゼータ（有限体上のゼータ）とセルバーグ・ゼータ（C上、R上のゼータ）の二種類でリーマン予想の類似ができていて、もう一つ、リーマン予想の類似が非常に重要なものとしてハッセ・ゼータ（Z上のゼータ）というものがあるという話を前回しました。そして現在、絶対数学が行なっていることは、F_1上のゼータ（＝カテゴリーのゼータ）を作って、その三種類を取り込むことであるといえば分かりやすいと思います。

これがどの程度できているかというのは、F_1上のゼータがどのくらい分かっているかということです。F_1上のハッセ・ゼータ、合同ゼータの類似については、かなり研究が進んでいます。一方で、同じく非常に重要なF_1上のセルバーグ・ゼータについては、研究が着手されて進んできている、という状態です。もちろん、F_1上でゼータ関数がどこまで解明されるかというのが、この路線におけるリーマン予想研究の進展具合を指し示していますので、ボルチモアの研究集会での焦点はそこになる予定です。

小島　かなりいろいろなところで花が開きはじめているという感じですね。フェルマー予想のときには、谷山－志村予想に辿り着いたとき、多くの数学者がものすごい手こたえを感じたと言われています。先生の直感では、リーマン予想解決においてのF_1上のゼータというのはかなり手ごたえのある方法だと思われますか？

黒川　公平に見るというのはなかなか難しいもので（笑）、F_1理論の言い出しっぺの一人としては、やはり贔屓目に評価してしまうというのはあります。

ただし、今までの話で分かっていただけると思うのですが、F_1上の話というのは、数学の進展上で「結局はしないといけない」ものであることは確かだと思います。これまでZ上と言っていたものを今はF_1上の話としていますが、最終的にカテゴリー論として扱うという意味では、グロタンディークの思想の究極の形でもあるわけです。そこでゼータ関数論を——最終的にどこまでできるかというのは未知数にせよ——できるところまで突き詰めなければならないものでもあると思っています。個人的なところで言えば、非常に手ごたえがある、と思っていますよ（笑）。

小島　フェルマー予想解決のとき、多くの数学者は、数学の進展にとっては「谷山－志村予想」のほうが重要で、フェルマー予想の証明はその副産物として見ていました。同じように、たとえこの方法でリーマン予想を解決できなくとも、F_1上のゼータは解決しなければならない仕事であり、完成すれば多くの魅力的な問題を生み出すことになるので、非常に大きな数学史への貢献になるということですよね。逆に言えば、むしろ数学界はそれこそが重要だと考えている、ということでしょうか？

黒川　一言で言えばそういうことになります（笑）。

もちろん、簡単に解決するはずはないのですが、非常に興味深い問題がたくさん出てくることになると思います。まとめると、二〇世紀はZ上（環）の世紀、二一世紀はF_1上（モノイド）の世紀ということです。絶対数学のこれからに注目してください。

リーマン予想まであと10歩

小島寛之

2009.04

10 歩手前　数の宝石——素数

素数というのは、2以上の自然数の中で、1と自分自身しか約数を持たない数のことだ。最初のほうを列挙すれば、2, 3, 5, 7, 11, 13, 17, 19……という具合である。ここまで見ただけでかなり不規則なことが見てとれる。例えば、奇数でも9と15が抜けている。それは3や5の倍数だからである。素数を裏側から見れば、2や3や4や5などの各自然数の二倍以上の倍数（合成数と呼ばれる）を取り除いた残りである、といってもいい。単純なように見えるが、取り除くとき何の倍数であるかについて重複が出るから、裏から見ればなおさらその複雑さがわかる。

自然数N以下の素数の個数も同じく複雑である。N＝100までには二五個、N＝1000までには一六八個、10000までには一二二九個、という具合だ。Nが10倍10倍となっても、25から168では六・七二倍、168から1229では約七・三二倍だから、比例的には増えていないことがわかる。徐々に存在パーセンテージが減っていくことが予想され、実際、その通りであることが証明されている。Nまでの自然数のうち素数が何パーセントを占めるか、ということを具体的に表にしたものが［表01］である。

このような複雑怪奇な素数に、古くから数学者たちは魅せられてきた。「素数の濃度は徐々に0に近づいていくが、それでも無限個ある」ことは、すでに紀元前のギリシャ時代のユークリッドの本の中で証明が与えられている。その後も二千年以上にもわたって数学者の素数に関する探求はめんめんと続いているのである。

素数の濃度については、一九世紀になってガウスが面白い事実を発見した。まず、少し雑だが、わかりやすい形でいうと、N以下の素数のパーセンテージは、「Nのケタ数引く1」（表のNで言えば0の個数と言っても同じ）におおよそ反比例する、ということである。例えば、Nが10から100に

［表01］

N	10	100	1000	10000	100000
N以下の素数の個数	4	25	168	1229	9592
N以下の素数の濃度（%）	40	25	16.8	12.29	9.592

変化すると、「ケタ数引く1」は1から2になって二倍になるが、パーセンテージは40から25になっておおざっぱには半減する。Nが100から10000になれば、「ケタ数引く1」は2から4と二倍になるが、パーセンテージは25から12.29にだいたい半減している。

ガウスのこの結果を正確に述べると、「N以下の素数の個数はおおよそNの自然対数でNを割ったものと等しい」いうことになる。これには「素数定理」という名がついている。ガウスが予想した後、少し時間がたってから完全に証明された。ちなみに、自然対数（底がネピア数eであるもの）は常用対数（底が10であるもの）と比例し、常用対数はおおまかにいって「ケタ数引く1」なので、さきほどの「パーセンテージの法則」が正しくなるのである。

このように不規則で奇妙な素数やその分布について、その全容解明に重要な役割を果たすであろう関数が一八世紀のオイラーの研究によって発見された。それがゼータ関数である。ゼータ関数は、一九世紀のリーマンの研究によって深められ、ゼータ関数の本性を解明するに違いない予想「リーマン予想」が提出された。この予想は、二〇〇九年三月現在、まだ解決に至っていない。さきほど紹介した「素数定理」は、「リーマン予想」を攻略する過程で、副産物として証明されたものである。副産物だけでこれほど魅力的な結果が出るのだから、「リーマン予想」自身が証明されたあかつきには、素数とその分布に関してもっとたくさんの大事なことがわかるだろう。

では、「リーマン予想」とは何だろうか。この予想を理解するためには、少し準備が必要である。この稿では、それは順を追って話そう。以下の解説は、「リーマン予想」とお近づきになるためにガイドなのである。

9歩手前　無限に足しても有限——数列の収束

リーマン予想にお近づきになるために最初に理解しなければならないのは、「無限和」というものだ。

有限の個数の数に対して四則計算をすることは、誰でも地道にやっていけば答えを出すことができるし、その計算プロセスで何も問題は生じない。しかし、無限個の数を足したり引いたり掛けたりしあうのは、有限個の計算とは次元が異なる。無限回の作業は現実には実行不可能だし、式をまるごと記述することすらできない。だから、有限和と無限和は全く別物、と認識するのがだいじである。

例えば、半分、半分となって行く数の列、1, $\frac{1}{2}$, $\frac{1}{4}$, $\frac{1}{8}$……を考えてみよう。これらどこまでも終わらない無限個の分数を「全部」足し合わせた $1+\frac{1}{2}+\frac{1}{4}+\frac{1}{8}+$……はいくつになると考えたらいいだろうか。11番目まで加えると $1+\left(\frac{1023}{1024}\right)$ となり、2にものすごく近いから、無限個全部足せば2となるのだろうな、という想像はつく。「結果は2」と当たりをつけて、n 番目までの和と2との差を見てみると、それは (2^{n-1}) の逆数となる。n が大きくなっていくとこの逆数はいくらでも0に近くなるから、「無限個全部足すと、きっと2との差はゼロになって、無限和はぴったり2なのだろう」と想像するのが「自然」である。もちろん、「自然」なだけであって、どうしてもそう考えなければならない、という根拠はない。「0にだんだん近づく」ことと「無限回の操作後、実際0になる」こととの間にはいつまでも埋まらないギャップがある。無限和は実行不可能だし、有限和の範囲で見える関係が無限和になっても維持される、という根拠は何もないからだ。したがって、仕方ないから、「無限個全部足すと、差はゼロになって、和は2」という風に「取り決める」、つまり定義してしまうわけである。正式には、これを、「無限和 $1+\frac{1}{2}+\frac{1}{4}+\frac{1}{8}+\cdots\cdots$ は2に収束する」という。

この例からわかるように、「収束」ということは、とりあえず次のように定義されるのだ。「数の列について、その十分先に出てくる数がもれなく、ある一つの数aとの差が望むだけ小さくなるなら、その数の列は数aに収束する」。

$1+\frac{1}{2}+\frac{1}{4}+\frac{1}{8}+\cdots\cdots$ という無限和が収束し一つの数になる、ということを予め知っているなら、その数（収束値）の具体的値は次のようにして求めることができる。まず、この無限和をSと書こう。すると、Sの二倍は、$2\times S=2+1+\frac{1}{2}+\frac{1}{4}+\frac{1}{8}+\cdots\cdots$となる。二項目以降は、元のSと同じだから置き換えて、$2\times S=2+S$。よって、$S=2$となる。

ただし、このように無限和に関しても、有限和と同じように、分配法則を使ったり置き換えをしたりと代数的な演算をしていいのかどうかは自明なことではない。それが一筋縄ではいかないことは、次の例でわかる。

$1-1+1-1+\cdots\cdots$という無限和をTと書こう。Tを$(1-1)+(1-1)+\cdots\cdots$と計算すれば$T=0$となるし、$1+(-1+1)+(-1+1)+\cdots\cdots$と計算すれば$T=1$になる。さらには、$T=1-(1-1+1-\cdots\cdots)=1-T$と変形すれば、$T=\frac{1}{2}$となる。これではどれが本当の値かわからない。

それもそのはず、先ほどの収束の定義に諮ってみると、Tは収束しない無限和である。途中まででで止めて有限和として計算すれば、0と1を交互に繰り返すので、どんな数にも限りなく近づくようにはならないからだ。このことは、次々と足されていく数（1または（−1））の絶対値が1のままで、全く小さくならないことからもわかる。つまり、無限和を形式的に定義して、それに対して不用意に代数法則を適用することは「危ない」ということである（実は、このTは、ゼータ関数の観点からは$\frac{1}{2}$と考えるのが最も「自然」だ、とわかるのだが、このことは後の節で解説する)。

反対に、無限和において、十分先で足される数が望むだけ小さくなるなら、その無限和は必ず収束するか、というと、これも必ずしも正しくなくないところがまた悩ましい。たとえば、自然数の逆数の無限和、$1+\frac{1}{2}+\frac{1}{3}+\frac{1}{4}+\cdots\cdots$は、無限大に発散してしまう(ちなみに、この無限和もゼータ関数と密接に関係を持っている)。どういう無限和が収束し、どういうものが収束しないのか、その判定は非常に難しい。また、収束することが確認できても、それが具体的にどんな数に収束するかを求めるのはもっと難しい。そのような難しさの一例であるゼータ関数の値について、次節で説明する。

そんな無限数列の収束を分析していて、数学者たちはいくつかの大問題に直面した。それは、例えば「増加していくが、決して一定数aを越えない数の列は、必ず収束するか」といった問題である。数学者は、きっと正しいだろう、と予測したが、しかしその証明がなかなか得られなかった。この証明に悪戦苦闘するうち、数学者たちは、一つの真相に気がつきはじめた。証明が困難なのは、我々が「有理数」を包むように存在していると考えている「実数」というものを、未だに正確に把握していないことに依拠するのではないか、という疑いである。つまり、無限数列の「収束」ということを考えることで、「実数とはいったい何か」、ということが明確に問題化されることになったわけである。このことについても、あとの節できちんと解説することにする。

8歩手前　神秘の関数――ゼータ関数

ゼータ関数が、最初にその姿を現したのは一八世紀のこと。当時の数学者の間で、「平方数の逆数の無限和」、つまり、$1+\frac{1}{4}+\frac{1}{9}+\frac{1}{16}+\cdots\cdots$がいくつに収束するか、という問題が熱心に研究された。ダニエル・ベルヌイが1.6にきわめて近い、と述べてからオイラーがついにその正体をつきとめるのに七年もかかった。正体が判明したのは一七三五年のことである。そして、その値はあまりに衝撃的なものだったのだ。それは、円周率の2乗を6で割ったものだったのである。なぜ、「平方数の逆数の和」と「円周率」が関係するのか、当時の数学者たちは大いに驚いたにちがいない。しかし、一七三五年時点でのオイラーの証明は完全なものではなく、証明を完成するためにオイラーはさらに一〇年もの歳月を費やした。

平方数の逆数の無限和に円周率が現れるからくりをおおざっぱに解説しよう。きちんとした証明は、参考文献［1］などで読んでほしい。

多項式がその解によって因数分解できることは、高校生で習う。例えば、二次方程式

$x^2-5x+6=0$の解は、2と3だから、多項式x^2-5x+6は（$x-2$）（$x-3$）と因数分解できる。このような性質が有限次でない無限次の多項式にも成立することがわかった。例えば、三角関数$sin\ x$は多項式ではないが、無限次の多項式として表現することができる。具体的には、

$$sin\ x = x - \frac{1}{6}x^3 + \frac{1}{120}x^5 - \cdots\cdots$$

という奇数次だけが存在するような無限次の多項式だ。これをマクローリン展開と呼ぶ。この無限次の多項式も解によって、因数分解できるのだ。$sin\ x=0$の解は（弧度法で）、0、$\pm\boldsymbol{\pi}$、$\pm 2\boldsymbol{\pi}$、$\pm 3\boldsymbol{\pi}$……となっている。だから、直感的には、

$$x - \frac{1}{6}x^3 + \frac{1}{120}x^5 - \cdots\cdots = x(x-\boldsymbol{\pi})(x+\boldsymbol{\pi})(x-2\boldsymbol{\pi})(x+2\boldsymbol{\pi})\cdots\cdots$$

$$= x(x^2-\boldsymbol{\pi}^2)(x^2-4\boldsymbol{\pi}^2)(x^2-9\boldsymbol{\pi}^2)\cdots\cdots$$

みたいな「因数分解」が成り立ちそうな感じがする。しかし、残念ながらことはそう単純ではない。実際、右辺を展開するとxの係数は円周率の無限乗になって定まらない。だから、少しだけ修正を要する。正しくは、

$$x - \frac{1}{6}x^3 + \frac{1}{120}x^5 - \cdots\cdots = x\left(1-\frac{x^2}{\pi^2}\right)\left(1-\frac{x^2}{4\pi^2}\right)\left(1-\frac{x^2}{9\pi^2}\right)\cdots\cdots$$

と「因数分解」されるのである（この場合でも、0，$\pm\pi$，$\pm 2\pi$，$\pm 3\pi$……が右辺を0にすることを確認されたし）。この右辺を展開した時に現れるxの3乗の項の係数が左辺のそれである$-\frac{1}{6}$に一致しなければならないことから、平方数の逆数の無限和が円周率の2乗を6で割ったものだとわかる。細かい議論ははしょったが、平方数と円周率がなぜ関係するかについてだけは、理解していただけただろう。この方法の偉大さはそれだけではない。もっと高い次数の係数について比べれば、4乗数の逆数の無限和$1+\frac{1}{16}+\frac{1}{81}+\cdots\cdots$が円周率の4乗を90で割ったものである、ということなどもわかる。詳しくは、参考文献［1］で読んで欲しい。

　オイラーは、このように「n乗数の逆数の無限和」というものをどんどん追求していって、たくさんの結果を得ている。nが2以上の自然数ならば、「n乗数の逆数の無限和」は収束するので、これをnに関する関数だと見なすことができる。これをして「ゼータ関数」と呼ぶのである。実は、nは自然数に限らず、すべての実数、すべての複素数（複素数については次節で解説する）に対して意味を持たせることができることが後々判明したので、この「ゼータ関数」は複素数全範囲をインプット範囲とできる関数だといっていい。それで、今では、ゼータ関数は$\zeta(s)$という特別な関数記号で書かれる。sが自然数のとき、$\zeta(s)$＝「s乗数の逆数の無限和」である。また、xの（$-s$）乗は「xのs乗の逆数」と定義されているので、負の整数（$-s$）に対しては、$\zeta(-s)=$「s乗数の無限和」となる。例えば、$\zeta(-2)=1+4+9+16+\cdots\cdots$。これは普通の無限和の定義では無限大に発散してしまうのだが、違う観点から意味づけして有限の値だと定義することができる。それは後の節で説明する。

オイラーの研究によって、次のようなことが明らかにされた。

（1）sが正の偶数なら、$\zeta(s)$は「円周率のs乗」×(有理数)となる。

（2）sが負の整数なら、$\zeta(s)$の値は有理数である。しかも、sが負の偶数なら$\zeta(s)=0$である。

（3）$\zeta(s)$と$\zeta(1-s)$は、特別の関係式で結ばれる。つまり、ゼータ関数の値には、$s \Leftrightarrow (1-s)$という0.5を中心とした、一種の対称性がある。

これらのオイラーの発見が、後の数学者の研究によって、ますます深められていくことになるのである。

7歩手前　空想の理想郷——複素数

虚数の発見は、数学史上で最も特筆すべきことであろう。二次方程式の問題は、紀元前一六〇〇年頃のバビロニアの粘土板にも解法が書かれているぐらい、古くから扱われていた。しかし、正の解だけを解と認めたため、しちめんどくさい分類を余儀なくされ、なかなか統一感があるような扱いができなかった。

負の解を認めたのは、七世紀頃のインドの数学者だ。これで二次方程式の解の公式はスッキリと書けるようになった。ただし、解の公式を不用意に使うと、「負数に対する平方根」が解の中に現れてしまう。例えば、−1の平方根などが忽然と姿を現す。この場合は、いにしえの数学者たちは「解なし」と考えざるを得なかった。正の数も負の数も、みな2乗すれば正の数になるから、2乗してマイナスになる数は存在しないように見えるからだ。

「2乗するとマイナスとなる」正の数でも負の数でもない数、というのを仮想的に考えるようになったのは、一六世紀のルネッサンス期のイタリアである。この時代の数学者たちは、「負数に対する平方根」、すなわち「虚数」の存在を許した。そうせざるを得ない事情があったのだ。

この頃に、三次方程式の解の公式が発見されたが、その公式で解を求めると、たとえ解がすべて実数であったとしても、虚数を使わなければ表現できないことがわかったからである。二次方程式では「実数解なし」で済んでいたことが、三次方程式では「実数解ありなのに、それは虚数によって表記される」、そんなはめになったのだ。

このあともさまざまな紆余曲折を経ながら、虚数は次第に数学の中で市民権を得ていった。-1の平方根$\sqrt{-1}$をiと表記したとき、(実数)+(実数)×iという形式の数の全体を「複素数」と呼ぶ。複素数は四則計算が自然にできる数世界(体と呼ばれる)である。(実数)+$0\times i$という形ですべての実数は表現できるから、複素数は実数全部を含んだもっと大きな集合である。

この複素数をビジュアルに表現する方法論が、ウェッソンやガウスらによって開発された。$a+b\times i$(ただし、aとbは実数)という複素数を、座標平面の点(a, b)のところに置いて、すべての複素数を平面上に配置する。これを「複素平面」という。こうした上で、複素数同士の四則計算を平面の点の移動の観点から見直してみると、幾何的に扱いやすい性質があることがわかった。例えば、複素数二つの和は、「平行四辺形を作る」ことと対応し、積は「回転相似拡大」と対応する。このことを利用すると、例えば、次のような美しい事実が簡単にわかる。すなわち、n乗すると1となる複素数はちょうどn個があり、それらを複素平面に配置すれば、正n角形ができる。例えば、xの3乗イコール1という方程式の三つの解は正三角形を、xの4乗イコール1という方程式の四つの解は正方形を作る、という具合だ（詳しくは参考文献［2］）。

このように複素数についての理解が進む中、ガウスが決定的な発見をした。複素数を係数とするn次方程式は、かならず複素数の中にn個全部の解がみつかることが証明されたのである。これは、代数方程式を扱う上では、もう複素数よりも広い数世界を考える必要がないことを意味している。つまり、複素数は代数的に自己完結している、ということなのである。これを「代数学の基本定理」という。複素数は、どんなn次多項式も一次式の積に因数分解してしまうような、ある意味で「すべてを溶かす酸」みたいな世界だ、ということだ。

ガウスの結果を受けて、複素数を変数とする関数の研究が開始された。インプットもアウトプットも複素数であるような関数に対する微積分学が構築されたのである。そして、複素関数の微分や積分には、想像を超えてみごとな性質があることが判明した。例えば、微分可能な複素関数を正則関数というが、この正則関数を任意の閉じた曲線に対してぐるっと積分すると、積分の結果は必ずゼロになる、といった具合である。

6歩手前　象のしっぽを触って全体を知る――解析接続

準備が整ったので、いよいよ複素数全域でのゼータ関数について解説しよう。

数学者は複素数を定義し、それらを平面の上にべたーっと乗っけることに成功した。複素数は四則計算が可能であるから、多項式を関数と見なして、それに複素数をインプットすることはなんでもない。では、もっと複雑な関数、例えば三角関数や指数関数にも、複素数をインプットできるだろうか。三角関数や指数関数は微分を使ってマクローリン展開という形式で「無限次の多項式」として表現できる（サインについてのマクローリン展開は一一一―一一二頁で紹介した）。したがって、この無限次の多項式に複素数をインプットすれば、複素数のサイン・コサインや、指数関数も計算可能になる。代入結果は無限和になるが、都合がいいことに、サイン・コサインとネピア数eを底とする指数関数については複素数全域で収束することが証明できる。

では、ゼータ関数についてどうだろうか。

前の節で説明したように、複素数$s=a+bi$でaが1より大きいようなsについての$\zeta(s)$は、収束が証明できるが、そうでないsについて収束が保証されない。例えば、$s=-2$の

ときは、

$\zeta(-2)=1+4+9+16+\cdots\cdots$となって、みるからにこの無限和は発散してしまう。

オイラーは一八世紀の段階で、このような負のsについての計算の意味づけにも気づいていて、存分に計算を実行していたが、きちんとした意味づけに成功したのは一九世紀のリーマンである。それは複素関数についての「解析接続」という考え方を使うのである。

まず、おおざっぱではあるが結論を先取りしよう。要するに、複素数全域で定義されたある（ただひとつの）関数$F(s)$というのが存在していて、複素数$s=a+bi$でaが1より大きいようなsについては、$F(s)$＝「自然数のs乗の逆数の無限和」となっている、ということなのだ。そういう複素関数$F(s)$を見つけ、aが1以下のsについては$F(s)$の値をもってして$\zeta(s)$の値と定義する、ということである。例えば、$\zeta(-2)=1+4+9+16+\cdots\cdots$の値は0なのだが、それは$F(-2)$の値が0だからなのである。

　このニュアンスを掴むためには、「象を触っているコビトたち」を想像してみるのがいいだろう。尻尾にさわっているコビトxは、「こいつはヘビのような生き物だぞ」というが、鼻をさわっているコビトyは、「いやいや、こいつはホースのような生き物だ」という。触っている部位によってコビトの思い描く生き物の形は全く異なっているが、実体はそれらの形を「つなぎ合わせた」ものなのである。尻尾を触っているコビトxには、「ホースのような生き物」というコビト y のことばが意表を突いた想像を絶するものであるように、複素数 $s=a+bi$ で a が 1 より大きいような部分しか見えない我々にとっては、$\zeta(-2)=0$ は想像を絶するものであるが、それは象の全体像が見えないせいなのである。

これではあまりに喩え話にすぎるので、もう少し数学っぽいフォローをすることにしよう。「無限等比級数の和」を例にとろう。s が -1 と $+1$ の間の数なら、公比 s の等比列の無限和

$$G(s)=1+s+s^2+\cdots\cdots \quad ①$$

は分数関数 $\frac{1}{(1-s)}$ に収束することは高校で習う。雑に求めるなら、①の両辺に s を掛け、

$$s\times G(s)=s+s^2+s^3+\cdots\cdots \quad ②$$

①から②を引けば、$(1-s)\times G(s)=1$ となるから、両辺を $(1-s)$ で割ればいい。例えば、前に出てきた無限和 $1+\frac{1}{2}+\frac{1}{4}+\frac{1}{8}+\cdots\cdots$ は、$s=\frac{1}{2}$ の場合で、$\frac{1}{(1-s)}$ に $s=\frac{1}{2}$ を代入すれば確かに2が算出される。

ところで、

$$G(s)=\frac{1}{1-s}=\frac{1}{2}\times\frac{1}{1-\frac{1}{2}(s+1)}$$

と変形すれば、最後の分数はもともとの $\frac{1}{(1-s)}$ の s を $\left(\frac{1}{2}\right)(s+1)$ で置き換えたものだから、同じように等比数列の無限和で表現できる。つまり、

$$\frac{1}{1-s}=\frac{1}{2}\times\frac{1}{1-\frac{1}{2}(s+1)}$$
$$=\frac{1}{2}\left\{1+\frac{s+1}{2}+\left(\frac{s+1}{2}\right)^2+\left(\frac{s+1}{2}\right)^3+\cdots\cdots\right\} \qquad ③$$

という無限和になる。これは、同じ$G(s)$を先ほどとは異なる無限和で表すことができることを意味する。この③の無限和は $\frac{(s+1)}{2}$ が-1と$+1$との間のとき、すなわちsが-3と1の間なら収束するので、さきほどの①の無限和 $1+s+s^2+s^3+\cdots\cdots$は、この③のようなもっと広い領域で収束する無限和の一部分を見ていた、と解釈することができる。①の無限和に$s=-1$を代入すると、例の$1-1+1-1+\cdots\cdots$という収束しない無限和になってしまってしまうが、③に$s=-1$を代入するなら、$\frac{1}{2}\times\{1+0+0+0+\cdots\cdots\}$となって、明らかに$\frac{1}{2}$に収束する。つまり、①という象の尻尾にさわっているコビトは、「この無限和で$s=-1$を代入するのはムリ」と答えるに違いないが、③という象の尻尾がくっついた尻全体に触っているコビトは、「いやいや無限和で$s=-1$は代入できるよ。結果は$\frac{1}{2}$だよ」

と答えるだろう。もちろん、象の全体G(s)を見ることができて、それが$\frac{1}{(1-s)}$という関数だとわかっている神様がいるなら、直接$\frac{1}{(1-(-1))}$と計算して、「それは$\frac{1}{2}$である」と難なく答えることができる。

このように複素平面の限られた場所で定義された無限和の形式の関数を、複素数全域で計算可能な関数まで拡張することを「解析接続」という。①や③の無限和を解析接続した結果が、$G(s)=\frac{1}{(1-s)}$なのである。

ただし、元の無限和のタイプによっては、解析接続されてできる複素数全域での関数を一つのわかりやすい式で記述することが不可能な場合がある。ゼータ関数はその一例である。ゼータ関数においては、尻尾での表記、鼻での表記、足での表記、と部分部分で区切って表記していくしか方法がない。象の尻尾に触っているコビトと象の足に触っているコビトの意見を合わせて、象の尻の様子を知り、またその象の尻の様子と象の胸の様子を合わせることによって、象の背中の様子を知り、という具合に、部分部分の様子を各コビトから聞き取り調査する形でゼータ関数の全容を浮かび上がらせるしかすべはない。だからこそ、ゼータ関数の正体を知るのはとてつもなく大変なのである。

2009.04

5歩手前　複素数世界で整数をリニューアルする——ガウス整数とガウス素数

数世界が複素数まで広がったことで、数学者たちは奇抜な閃きを持った。それは、複素数世界の中で「整数」というものを見直してみよう、ということだ。きっかけを作ったのは、またまたオイラーとガウスである。なぜそんな変てこなことを考え始めたのか、というと、一七世紀の数学者フェルマーが主張して以来、長い間数学者の挑戦を退けてきたフェルマー予想を解決したかったからなのである。フェルマー予想とは、「nが3以上の自然数のとき$x^n+y^n=z^n$を満たす自然数x、y、zは存在しない」という予想であり、解決までに結局三五〇年もかかった難問である。解決は、一九九五年、イギリス出身の数学者・アンドリュー・ワイルズによって与えられた。

ガウスは、フェルマー予想の指数$n=4$の場合を証明するために、整数の概念を複素数世界の中で拡大解釈した「ガウス整数」というものを創案した。それは、(整数)+(整数)×iという形の複素数である。なぜ、この形の数に注目したのか、というと、この数世界でも、普通の整数と似たような性質が定義できるからだ。例えば、約数や倍数の関係を同じように定義できる。だから、素数というのも定義できる。±1、±i、自分自身、そしてそれらの積以外では割り切れないような数を素数の類似品と考えるのである。これを「ガウス素数」という。そうすると、すべてのガウス整数はガウス素数の積に一意的に分解できることが証明できる。

このように拡張された整数世界「ガウス整数」では、普通の整数世界で素数だったものも素数ではなくなってしまう。たとえば、5は普通の整数世界では素数だが、ガウス整数の世界では$5=(2+i)(2-i)$と素因数分解される。ガウスはこのようなガウス整数の素因数分解を利用して、フェルマー予想の$n=4$の場合を解決したのである。どうやるか、というと、ガウス整数の世界で「$x^4+y^4=z^4$となるような0でないガウス整数x、y、z」を見つけようとすると、そんなものは存在しない、というスゴイことが比較的簡単に証明できる。ガウス整数は通常の整数をすべて含んだ世界だから、このことは、「$x^4+y^4=z^4$となるような自然数x、y、zは存在しない」ことを意味することになるのである。広い世界（ガウス整数）に解がないことを示す方が、狭い世界（通常の整数）にないことを示すより難しそうだが、実際は反対なのだ。さきほど見たように、ガウス整数の世界では、通常の整数世界の素数でももっと細かく素因数分解される。また、フェルマーの方程式「$x^4+y^4=z^4$」を変形した「$z^4-y^4=x^4$」の左辺も、ガウス整数の世界でなら四つの一次式の積に因数分解されてしまう。つまり、限界まで粉々にできるのがとても好都合なのである。

数学者たちは、このような複素数の中で拡張された整数世界を使えば、$n=4$以外の指数についても、同じようにフェルマー予想を解決できると信じた。ところが、実際はそう簡単ではないことがわかったのである。それは、整数を複素数の中で拡大解釈した場合、素因数分解の一意性が保持されるとは限らない、ということが判明したからだ。ガウス整数の場合に素因数分解が一意的だったのは、たまたま幸運だっただけなのだ。

反例は、(整数)＋(整数)×$\sqrt{-5}$という形の複素整数の世界にある。6はこの世界では、$6=2\times3$とも$(1+\sqrt{-5})(1-\sqrt{-5})$とも分解される。そして、2も3も$1+\sqrt{-5}$も$1-\sqrt{-5}$もこの世界の素数だ。つまりこの世界での6の素因数分解は二通りできてしまう。これは困ったことになった。

この困難に挑戦し、そして打開したのは、クンマーという一九世紀の数学者だった。クンマーは複素整数よりもさらに深い数の世界を創案した。それは「イデアル数」という数世界だ。このイデアル数の世界では、2も3も$1+\sqrt{-5}$も$1-\sqrt{-5}$も、もはや素数ではなくなる。P、Q、Rというイデアル数での素数、「素イデアル」を用いて、さきほどの数たちは、$2=R\times R$、$3=P\times Q$、$1+\sqrt{-5}=P\times R$、$1-\sqrt{-5}=Q\times R$と「素イデアル分解」されるのである。こうすると2×3も$(1+\sqrt{-5})(1-\sqrt{-5})$も、ともに$R\times R\times P\times Q$と同じ積で表されることが判明する。

クンマーが創出したイデアル数の世界は、非常に難解なものだったらしいが、それをデデキントという数学者が、カントールといっしょに生み出したばかりの「集合の理論」を利用してすっきりとわかりやすく構成し直した。それが、現代的な「イデアル理論」の始まりとなったのである。

4歩手前 集合を「数」に見なしてしまう技術――イデアル理論

デデキントによる「イデアル数」のアイデアとは、ひとことでいえば、「集合」をあたかも「数」であるかのように見なす、ということである。このことをすぐに理解するのは大変なので、まず、もっとわかりやすい「余り算」を使って解説しよう。

今、「3で割った余り」に注目してみる。例えば、5や8は3で割ると余りは2、13や16は3で割ると余りは1である。このとき、5＋13も8＋16もどちらも3で割ると余りは0となる。このことは一般的に成り立つので、（余り2）＋（余り1）＝（余り0）、と一括して書いてしまっても問題は生じない。このように、（余り0）、（余り1）、（余り2）という三つの「数もどき」の間に、四則計算を整合的に定義できる。具体的な整数の和を一括して3で割った余りの計算に置き換えても、全く矛盾が生じないからである。これを「余り算」と呼ぶことにしよう。

そうはいっても、さきほどの計算例を1＋2＝0と書くのは気が引ける。整数の計算としては正しくないからである。「余り」という自然言語を使わず、かといって整数そのものの表記ではない形式で、同じことを表現できないだろうか。ここに威力を発揮するのが、「集合」を「数」と見なす、というデデキントのアイデアだったのだ。

ここで次のように、3つの集合A、B、Cを考えよう。Aは3で割ると余りが0の整数を集めた集合で、A＝{……, −3, 0, 3, 6, 9, 12, ……}。Bは3で割ると余りが1の整数を集めた集合で、B＝{……, −5, −2, 1, 4, 7, 10, ……}。Cは3で割ると余りが2の整数を集めた集合で、C＝{……, −4, −1, 2, 5, 8, 11, ……}だとしよう。その上で、これら3つの集合に足し算を次のように導入する。例えば、C＋Bを計算したいなら、Cの中の任意の数とBの中の任意の数を加えてできる整数をすべて集めた集合を作る。それを和C＋Bとして定めるのである。これは実際やってみれば、集合Aになる、とわかるだろう。つまり、C＋B＝Aとなるのである。こ

［表02］

＋	A	B	C
A	A	B	C
B	B	C	A
C	C	A	B

のことはまさに、（余り２）＋（余り１）＝（余り０）と同じことを意味している。

ここで、集合Ａ、Ｂ、Ｃをあたかも「数」だと見なしてしまえば、上で定めた加法は、「数」Ａ、Ｂ、Ｃの間の加法を定義したことだ、と見なすことができる。それは、表02のような計算になるので、通常の整数や分数の計算とは異なる「新種の数」だと見なすほかない。このようにして、集合の間になんらかの形で、加法、あるいは乗法を整合的に定義できさえすれば、「新種の数」とその計算を創り出すことが可能となるのである。

では、以上を踏まえて、「イデアル数」の定義に移ろう。加法、減法、乗法が定義された世界（専門的には環という）Ｘにおいて、その部分集合である集合Ｉがイデアルであるとは、次の２条件を満たす場合である。

（条件１）　Ｉは０を要素に持っている。また、Ｉがxを要素に持つなら、$x+y=0$となる加法の逆元yも要素に持っている。さらに、Ｉの中の２数の和は必ずＩの数となる。

（条件２）　Ｉの要素にＸの任意の要素を掛けたものは、必ずＩの要素となる。

まず、例としてＸ＝（整数の集合）を取ろう。このとき、さきほど定義した集合Ａ＝（３で割ると余り０の集合）＝{……, −3, 0, 3, 6, 9, 12, ……}は、イデアルとなる。条件１は、明らかに満たしているし、条件2が成り立つことも、3の倍数に任意の整数を掛けても3の倍数であることからわかる。そして、集合B＝（3で割ると1余る整数の集合）や集合C＝（3で割ると2余る整数の集合）がイデアルでないことも簡単にチェックできる。X＝（整数の集合）で考えると、イデアルは、任意の整数nに対する「nの倍数の集合」という形のものだけであることがわかる。これは（n）という記号で表される。例えば、イデアルA＝（3で割ると余り0の集合）＝{……, −3, 0, 3, 6, 9, 12, ……}＝（3）などといった具合である。X＝（整数の集合）におけるイデアルは、このような（n）＝（nの倍数の集合）というものだけなのだ。

次、X＝{（整数）＋（整数）×$\sqrt{-5}$という形の数の集合}という複素整数の集合を考えよう。このXにおけるイデアルとして、例えば、集合{3×（Xの数）という形の数の全体}というものを挙げることができる。これはさきほどと同じく、記号（3）で書かれる。同じように、Xの任意の要素aに対して、a×（Xの要素）という数の全体としての（a）は、やはりイデアルとなる。しかし、面白いことに、このXにおけるイデアルはこの（a）というタイプのものだけに限らないのである。例えば、P＝{3×（Xの数）＋（1＋$\sqrt{-5}$）×（Xの数）という形の数の全体}というものや、Q＝{3×（Xの数）＋（1−$\sqrt{-5}$）×（Xの数）という形の数の全体}や、R＝{（1＋$\sqrt{-5}$）×（Xの数）＋（1−$\sqrt{-5}$）×（Xの数）という形の数の全体}

などもイデアルとなるのである。これらは、(a) という形では表せない。

さて、こういうイデアルたちの間には、掛け算を導入できる。それは、イデアルI×イデアルJを｛積（Iの数）×（Jの数）の形の数たちの有限個の和をすべて集めた集合｝と定義するのである。これもちゃんとイデアルになることは、ちょっと考えればわかる。つまり、個々のイデアルをあたかも数のように見なして、それらの間に掛け算ができるようにした、ということなのである。このようにイデアルを数と見なし、掛け算を導入すると、何かものごとの見え方が変わるだろうか。

X＝(整数の集合) の場合は、そんなに面白いことは生じない。「2以上のどの整数nに対しても、イデアル(n)は、素数pから作られるイデアル(p)たちによって一意的に掛け算で表される」ということが得られるだけである。(6)＝(2)×(3)が一例である。これは、整数世界の素因数分解が、そのままイデアル数の世界にコピーされたにすぎない。

しかし、X＝｛(整数)＋(整数)×$\sqrt{-5}$という形の数の集合｝で考えるともっと面白いことがわかる。先ほどのイデアルP, Q, Rを用いると、四つのイデアル(2), (3), $(1+\sqrt{-5})$, $(1-\sqrt{-5})$たちがそれぞれ、(2)＝R×R, (3)＝P×Q, $(1+\sqrt{-5})$＝P×R, $(1-\sqrt{-5})$＝Q×Rと分解されることがわかるのである。前の節で解説したように、2, 3, $1+\sqrt{-5}$, $1-\sqrt{-5}$は、複素整数Xの中では素数であるから、Xの中ではもう分解できない。しかし、イデアル数の世界を考えれば、このようにもっと深く素因数分解（＝素イデアル分解）でき、これがまさにクンマーの発見したことそのものなのであった。クンマーは、このイデアル数を武器に使って、非常に多くの指数についてのフェルマー予想を解決したのであった。

イデアルの考えかたは、数論だけでなく、代数方程式の解の描く図形の性質を研究する「代数幾何」という分野でも威力を発揮する。例えば、2変数の一次方程式 $3x+2y=0$ の解を座標平面に描いてみると直線Lになるが、逆にLの点を代入すると0になるような多項式は何になるだろうか。実は、任意の多項式 $f(x,y)$ に対して $(3x+2y)\times f(x,y)$ で表される多項式はすべてL上で0になる。このような多項式ぜんぶの集合は、$X=\{2$変数の多項式の集合$\}$ としたときのイデアルとなっていて、それは前の (n) と同じ記法で書くなら $(3x+2y)$ のように表されるものである。イデアルは、このように、代数学全般にわたって重要なツールなのである。

3歩手前　すきまのない数世界——実数とp進数

数列の収束について解説した節で、「増加していくが、決して一定数aを越えない数の列は、必ず収束するか」などの問題が、数学者が正しいと信じているにもかかわらず、なかなか証明できなかった、と述べた。そして、証明できない理由が、「実数とは何であるか」ということの定義がしっかりなされていないからだ、とも言った。この節ではいよいよこの「実数の定義」に迫ることとしよう。

これらの問題を解決するため、数学者たちは「実数を明確に定義する」という作業を開始することとなった。何人かの数学者がそれに成功したのだが、ここではカントールの方法を紹介しよう。カントールはデデキントとともに、「集合の理論」を完成した人である。カントールの方法は、デデキントの「イデアル数」と同じく、「集合」を「数」と見なしてしまうものなのである。

まず、問題意識をはっきりさせておく。

有理数の集合(正負ゼロのすべての分数を集めた集合)を考えよう。これは無限個の数がぎっしりと密集して並んでいるが、それでも隙間が無限に空いていることが簡単にわかる。例えば、正の分数はすべて、「2乗すれば2以下」か「2乗すれば2以上」かどちらか一方のみに分類できる。例えば、前者には1.4, 1.41, 1.414, ……等々の分数（有限小数は分数で書ける）が属し、後者には、1.5, 1.42, 1.415, ……等々の分数が属している。ここで、2乗してちょうど2になる分数があれば両方に属してしまうのだが、そういう分数は存在しない。証明は面倒だからやめるが、これを最初に示したのはギリシャ時代のピタゴラスである。つまり、前者に属する分数と後者に属する分数の間にぽっかりと一個の穴が空いている、と考えられる。もちろん、空いた穴を埋めるのは$\sqrt{2}$という無理数だと我々は知っているが、このように「穴を埋めるのは何の数か」がわかる場合は例外的だ。ほぼすべての場合において、穴を埋めるべき数の正体がわからないのである。それもそのはずで、「穴とは何であるか、どこに空いているのか」、がはっきり定義されていない。だからその穴を埋めるべき数というものもハッキリしないわけだ。

そこでカントールは、「穴をはっきりと定義しよう」、という方針を選んだ。穴がハッキリ定義されれば、逆にそれは「そこを埋めるべき数が定義された」ことと同じになるからだ。

カントールは「コーシー列」という性質を持っている数列だけをピックアップした。ある数列がコーシー列であるというのは、「数列の十分先にあるどの二数の差も十分に0に近い」という性質を備えた数列のことである。例えば、先ほどの1.4, 1.41, 1.414, ……という数列はコーシー列の一例である。また、前のほうの節で扱った「半分半分となっていく数列」、$1, \frac{1}{2}, \frac{1}{4}$, ……もコーシー列の例である。もっとアタリマエのものもある。ずっと一定数が並んでいる数列、例えば、1, 1, 1, ……とか0, 0, 0, ……というのももちろんコーシー列である。

カントールは次にこれらコーシー列の間に「同類である」ということを定義した。あるコーシー列xと別のコーシー列yが同類であるとは、「xのn番目に並んでいる数とyのn番目に並んでいる数の差が、nを十分大きくするとき十分0に近くなる」という性質を持っていることである。例えば、先ほどの数列1, $\frac{1}{2}$, $\frac{1}{4}$, ……と数列0, 0, 0, ……は同類である。また、数列1.4, 1.41, 1.414, ……と数列1.5, 1.42, 1.415, ……も同類である。このような同類であるコーシー列たちをすべて集めて集合を作る。例えば、集合Aは数列1, $\frac{1}{2}$, $\frac{1}{4}$, ……や数列0, 0, 0, ……を含む同類たちの集合、集合Bは数列1.4, 1.41, 1.414, ……や数列1.5, 1.42, 1.415, ……を含む同類たちの集合、といった具合である。そして、これらの同類の集合A、B、……をカントールはそれぞれ一個の「数」だと見なしたのである。

ここで今の集合Aと集合Bは異なる意味あいを持っている。集合Aは、定数列0, 0, 0, ……を含んでいるので、「0」という有理数を意味するものだと解釈できる。このように、すべての有理数は一定数の数列とその同類たちを集めた集合として、今考えている新しい「数」世界に移植できる。例えば、有理数1は、数列1, 1, 1……とその同類たちを集めた集合だと見なしてしまうのである。要するに有理数たちをそのまま新世界にコピーしたにすぎない。

それに対し、集合Bはそれとは種類の異なるものである。数列1.4, 1.41, 1.414, ……や数列1.5, 1.42, 1.415, ……はBに含まれるが、有理数kが並ぶ一定数列k, k, k……の形の数列は一切Bには含まれない（もしも含まれるのなら、kは2乗すると2にならざるを得ないが、そのような有理数は存在しない）。したがって、この集合Bは有理数を移植したものだとは考えられない。カントールはこういう集合Bを、「有理数たちの隙間にぽっかりと空いた穴」だと見なし、それを有理数以外の新しい「数」だとしたわけである。

カントールは、このようなコーシー列の同類たちを集めた集合をすべて「数」と見なし、それらを集めた「集合の集合」を「実数」と定義した。そして、それらの間に、自然な形で四則計算を導入したのである。例えば、「数」Xと「数」Yの積を定義したいなら、Xに属する任意の数列とYに属する任意の数列との間の同じ順番に出てくる項同士を掛け算して、新しい数列を作り、その数列が属する集合を数化した「数」Zを掛け算の結果とするのである。このように積を定義するなら、さきほどの1.4, 1.41, 1.414, ……を含む集合Bを数化した「数」Bに対しては、B×B＝2が成り立つ。つまり、このBこそが$\sqrt{2}$だというわけである。定義の方法から想像されることだが、このように作られた「実数」の世界では、コーシー列は必ず収束する。なぜなら、そのコーシー列を含めた集合を一個の「数」と見なしたのだから、当然その「数」に収束するのである。このような「コーシー列がかならず収束する」という性質を持つ世界を「完備」という。完備な世界でものごとを考える利点は、極限を考えることができるため関数を微分積分することができ解析的な方法論が巧く機能するからである。

さて、以上のように、「コーシー列が必ず収束する」という性質が生まれるようにして、有理数の集合から「実数」の集合を作り上げることができた。このような方法が開発されてみれば、他にも同じような「有理数の拡張」の方法があるかもしれない、と思えてくる。このような別の方法に気がついたのは、二〇世紀初頭の数学者ヘンゼルであった。

ヘンゼルは、有理数の集合を、カントールとは別の方法で「完備」な数集合に拡張したのである。カントールは、「有理数の近さ」を測るとき、有理数の「大きさ」を使った。つまり、有理数aと有理数bの差$|a-b|$が0に近いほどaとbを近い数としたのだが、これは単に「aとbの大きさが非常に近い」ことを意味している。それに対してヘンゼルは、「大きさ」とは異なる「近さ」を導入したのである。それはp進距離（ここで、pは任意の素数）というものだ。

ここでは、3進距離を例にとって説明しよう。3進距離では、差が3で割れない二数の距離は1、差が3の1乗でぴったり割り切れる二数の距離は$\frac{1}{3}$、差が3の2乗でぴったり割り切れる二数の距離は$\frac{1}{9}$、差が3の3乗でぴったり割り切れる二数の距離は$\frac{1}{27}$と……という具合に定義される。最後に差が0、つまり等しい数の距離は0である。すると、1と2の距離は1だが1と4の距離は$\frac{1}{3}$、1と10の距離は$\frac{1}{9}$なので、4は2よりも1に近い、

2009.04

10は1にもっと近い、という具合になる。そして、2, 4, 10, 28, ……(3^n+1), ……という数列はどんどん1に近づいて最終的には1に収束する。差が分数になる場合については、それを既約分数で表したとき、分子を3^kがぴったり割り切るなら距離は$\frac{1}{3^k}$とし、逆に分母を3^kがぴったり割り切るなら距離は3^kと定義する。例えば、$|a-b|=\frac{45}{4}$ならば、aとbの距離は$\frac{1}{9}$、$|a-b|=\frac{5}{54}$ならば、aとbの距離は27である。要するに、差の分子が3でたくさん割れるなら割れるほど近い数で、差の分母が3でたくさん割れるなら割れるほど遠い数、ということだ。

ヘンゼルは、この3進距離で測ってコーシー列となる数の列に対して、カントールと全く同じ方式で集合を作って、有理数の拡張集合を作ったわけである。例えば、3倍3倍となっていく数列、3, 9, 27, 81,……は3進距離でコーシー列となり、一定数列0, 0, 0,……と同類となる。この2つと同類の数列をすべて集めて集合Aを作ると、それは有理数0を新しい「数」世界に移植したものとなる。このように、すべての有理数は、一定数列を含む集合によって、新世界に移植される。

もちろん、この3進距離による「数」世界には有理数を移植したのではない「数」も存在している。例えば、3進距離の意味でのコーシー列1, 4, 22, ……を考えよう。これは2乗して2を加えると3のべき乗で割り切れるような数の列である。実際、1の2乗+2は3で割り切れ、4の2乗+2は9で割り切れ、22の2乗+2は27で割り切れる。この数列を含む集合Bは、いかなる有理数の一定数列 k, k, k……をも含まないことが証明でき、有理数を移植したものとはならないとわかるのだ。

このような3進距離におけるコーシー列の同類の集合を数と見なしたものが3進数と呼ばれる。3進数は、有理数を（コピーの意味で）すべて含んでいるので、有理数を拡張した数世界であり、3進距離の意味でのコーシー列が必ず収束するような「完備」な数世界である。

この3進数が、カントールの創出した「実数」とは異なる数世界であることは、「近さ」の定義の違いからもわかるが、次の例でより鮮烈となるだろう。さきほどの数列 1, 4, 22, ……を含んだ集合Bを数化した「数」Bは、実はB×B＝−2を満たす。つまり、Bは、3進数の世界では「−2の平方根」となるのである。通常の「実数」世界には−2は平方根を持たないが、3進数の世界では平方根を持っている。これからも、3進数の世界が実数とは大きく異なる数世界であることは明らかである。

「実数」世界とは異なるp進数という「完備」な世界を作ることの利点は、もちろん、そこで微分積分などの解析学を、通常とは異なった意味で実行することができるからだ。現代の数学者は、有理数を起点として、実数やp進数など、複数のパラレルワールドを自由自在に行き来して、そこから持ち帰った結果を比較検討し、数に関する新しい知見を得ているのである。

2歩手前　全素数に関する積と全自然数に関する和の一致――オイラー積

オイラーがゼータ関数に対して見つけた法則で、おそらく最も画期的だったものは、一七三七年に発見した「オイラー積」だろう。それは以下のような等式である。

$$\frac{1}{1-\frac{1}{2}}\times\frac{1}{1-\frac{1}{3}}\times\frac{1}{1-\frac{1}{5}}\times\frac{1}{1-\frac{1}{7}}\times\cdots=1+\frac{1}{2}+\frac{1}{3}+\frac{1}{4}+\cdots\cdots \quad ①$$

左辺は、すべての素数にわたる積で、右辺はすべての自然数にわたる和である。もちろん、右辺は$\zeta(1)$の値だ。したがって、この式は、「素数の逆数を1から引いて逆数にして掛算した結果はゼータの値と等しい」ということを意味している。さらに、各素数、各自然数をそれぞれs乗した等式、

$$\frac{1}{1-\frac{1}{2^s}}\times\frac{1}{1-\frac{1}{3^s}}\times\frac{1}{1-\frac{1}{5^s}}\times\frac{1}{1-\frac{1}{7^s}}\times\cdots=\frac{1}{1^s}+\frac{1}{2^s}+\frac{1}{3^s}+\frac{1}{4^s}+\cdots\cdots \quad ②$$

も同様に成立する。右辺はまさにゼータ関数$\zeta(s)$である。この左辺の全素数にわたる積を「オ

イラー積」と呼ぶのである。

なぜ、こんな不思議な式が成り立つのだろうか。秘密は素因数分解にある。２以上のすべての自然数は素数だけの積で一通りに表現できたことを思いだそう。そして、前にも出てきた等比列の無限和の公式、$G(s)=1+s+s^2+s^3+\cdots\cdots=\frac{1}{(1-s)}$ を再度取りだそう。この式に $s=\frac{1}{2}$ を代入すれば、$1+\frac{1}{2}+\frac{1}{4}+\frac{1}{8}+\cdots\cdots=\frac{1}{1-\frac{1}{2}}$ となるし、$s=\frac{1}{3}$ を代入すれば、$1+\frac{1}{3}+\frac{1}{9}+\frac{1}{27}+\cdots\cdots=\frac{1}{1-\frac{1}{3}}$ となる等々。したがって、①の左辺の積は、等比数列の無限和を全素数にわたって掛け合わせたもの、つまり、

$$①の左辺=\left(1+\frac{1}{2}+\frac{1}{4}+\frac{1}{8}+\cdots\cdots\right)\times\left(1+\frac{1}{3}+\frac{1}{9}+\frac{1}{27}+\cdots\cdots\right)\times\cdots\cdots$$

と同じである。これを分配法則で展開すれば、$\frac{1}{(2\times3)}$ とか $\frac{1}{(2\times2\times3\times3\times3)}$ のように、すべての素因数分解の形式が逆数の形で現れる。これらの分母は異なる自然数一つ一つを表すので、自然数の逆数和と一致することになるのである。

ゼータ関数をこのようなオイラー積に表したことの意義は何だろうか。

それは一言で言えば、全素数に関する情報をゼータ関数というたった一つの関数に内包さ

せた、ということだ。本稿の最初の節で、素数というのがいかに不規則であり、その素性を明らかにするのが大変か、ということを書いた。そのようなものすごく不規則な素数を、積の形式で一括して関数にしまいこんでいるのがゼータ関数なのである。ゼータ関数の素行を調べることは、素数の本性を解き明かすこととほぼ等しい。

例えば、①式だけからも重要なことがわかる。それは、最初の節でも述べた事実だが、「素数が無限にある」、ということである。ゼータ関数のところで説明した通り、自然数の逆数和である ζ(1) は無限大に発散する。もしも、素数が有限個しかなければ、①の左辺は有限個の積であり、具体的に計算できる有限の値となってしまう。これは右辺が無限大に発散する、という事実に反する。だから、素数は無限個なければならないのである。

また②式からも衝撃的なことがわかる。②で $s=2$ としてみよう。左辺は、各素数について、それを2乗して逆数にし、1から引いてまた逆数にし、それらをすべて掛け合わせることで計算できる。その数は、右辺の ζ(2) と等しい。これは円周率の2乗を6で割ったものであることは前に述べた。つまり、全素数が円周率という無理数と関わりを持っている、ということになるのである。これも十分エキサイティングな事実ではなかろうか。

このオイラー積についての法則②によって、ゼータ関数は数論の研究の中心的な課題となったといっていい。ゼータ関数を解き明かすことは、素数を解き明かすことそのものであり、それは古代からの数学者の夢なのである。

1歩手前　ゼータの値がゼロになる場所――リーマン予想

いよいよ本書の主役である「リーマン予想」を説明する段階にたどり着いた。前にも解説したように、オイラーは次のことを発見した。

（1）sが正の偶数なら、$\zeta(s)$は「円周率のs乗」×（有理数）となる。
（2）sが負の整数なら、$\zeta(s)$の値は有理数である。しかも、sが負の偶数なら$\zeta(s)=0$である。
（3）$\zeta(s)$と$\zeta(1-s)$は、特別の関係式で結ばれる。つまり、ゼータ関数の値には、$s \Leftrightarrow (1-s)$という0.5を中心とした、一種の対称性がある。

オイラーより約一〇〇年あとの数学者リーマンは、オイラーのこれらの結果を発展させたのである。まず、「解析接続」によって、すべての複素数sに対して、$\zeta(s)$が意味を持つようにした。さらには、$\zeta(s)$を他のいろいろな表示で表す式も発見した。さらには、（3）の

ζ(s) とζ(1－s) の対称性についても、きちんとした証明を与えたのである。ちなみに対称性 s⇔(1－s) というのは、次のようなことを意味する。複素平面で s と 1－s は、実数 0.5 の点（実軸上の点）に関して、ちょうど点対称の位置にある。つまり、複素数 s に対するゼータ関数の値がわかれば、0.5 に関してちょうど真反対にある複素数 1－s に対するゼータ関数の値もわかる、ということなのである。

その上でリーマンは、(2) で求められているゼータ関数の零点（ζ(s)＝0 となる s）が、－2, －4, －6, ……という負の偶数以外にも、無数にあることを発見した。リーマンが計算することができた零点は、すべて 0.5＋(実数)×i という複素数、つまり、複素平面において x＝0.5（実部が 0.5）という直線上に乗った点だったのである。この直線が、ゼータ関数の対称性の中心である実数 0.5 を通る直線なのは意味深だ。もちろん、s⇔(1－s)の対称性から、0.5＋α×i が零点なら、それを 1 から引いた（つまり、0.5 をはさんで直線上のちょうど真反対にある）0.5－αi も零点だとわかる。

リーマンは、「負の偶数以外の零点は、すべてこの直線上の数、すなわち 0.5＋(実数)×i という形の複素数だけであろう」、と予想した。この予想が「リーマン予想」と呼ばれ、二一世紀も最初の一〇年を過ぎようとする現在、まだ数学者たちの挑戦を退け続けている難攻不落の予想なのである。

参考文献

［1］黒川信重『オイラー、リーマン、ラマヌジャン』岩波書店、二〇〇六年
［2］小島寛之『世界を読みとく数学入門』角川ソフィア文庫、二〇〇八年

II

ゼータへの旅

黒川信重

2006.06

1　素数空間

ゼータは数論のすべてを知っていると思われている。数論の最も根本的問題は、素数にわたる積で構成されるゼータ

$$\zeta(s) = 1/\Pi(1\text{-}\exp(-l(p)s))$$

がどんな空間のゼータなのか、という問題である。ただし、pは素数全体を動き、$l(p)$はpの自然対数である。このゼータの（拡張された）値が零になるところを求めることが、数学最大の難問『リーマン予想』となる。この未知空間を究明することへの挑戦が現代数論の歩みそのものであり、そこから『フェルマー予想』の解決や『リーマン予想』への接近がも

たらされた。通常では

のように素数2、3、5、7、11、13、17が一直線上に並んでいるように思われるのであるが、本当の所はどうなのだろうか。ここでは、この周辺の散策をしてみたい。

2　素数の演劇空間

私のように数論を研究しているものから見ると、素数は何かを演じて居るように見えてしまう。素数たちは踊っているのだろうか。しかしながら、その演劇に使われている言語は何かはわかっていない、というのが現状である。アーサー・ミラーの英語劇『クルーシブル』（邦訳名に『るつぼ』あり）の意味するところは難しくとも、その言語が何かわかっているのは幸いである。素数の場合は何語かがわからないのが辛いところだ。ただし、その言語は『ゼータ惑星』で使われている『ゼータ語』ではないかと、ある程度の見当がついてきた、と言えるかも知れない。それとともに、「素数の空間」を意味してきた「数論空間」は『ゼータ空間』

がより適切であることもわかりつつある。

素数たちの劇の典型例は『平方剰余の相互法則』と言われる数論の基本的振るまいである。これは有名な高木貞治の『類体論』の書きやすい場合となっている。いま、異なる素数PとQがあったとしよう。ここでは、どちらも奇数とする。したがって、PやQは

3, 5, 7, 11, 13, 17, 19, 23, 29, 31, 37, 41, 43, 47, ……

である。このとき、「PがQを好き」ということを、

Pからある平方数を引いたときにQで割り切れるようにできる

（つまり、そういう平方数がとれる）

ということと解釈しよう。そうでないときは「PはQを嫌い」とする。ここで、平方数とは2乗（平方）数、

1, 4, 9, 16, 25, 36, 49, 64, 81, 100, 121, 144, ……

を指す。例えば、『5は11が好きで、11は5が好き（両想い）』、『3は7が嫌いで、7は3が

好き（片想い）』、『3は5が嫌いで、5は3が嫌い（両嫌い＝犬猿の仲）』となる。実際、5−16は11で割り切れ、11−1は5で割り切れる。また、7−1も3で割り切れる。これに対して、3からどんな平方数を引いても7で割り切れることはないことがわかるし、3からどんな平方数を引いても5で割り切れることがなく、5からどんな平方数を引いても3で割り切れることがない。

『平方剰余の相互法則』とは

（1）PかQの片方でも4で割って1余るときにはPとQの好き嫌いは一致する
（2）PとQが4で割って3余るときにはPとQは片想い

と言っている。これは厳密に証明できることであり、簡明さも持っていて、たしかに、これは法則と呼べるであろう。先に挙げた例では5と11の組みは（1）の例、3と7の組みは（2）の例、3と5の組は（1）の例である。地球と違って、片想いが余りないのは幸いなのかも知れない。

ところで、素数たちの住んでいる空間とは何なのだろうか？　次に、そこを見て行こう。

3　空間とは

さて、一般に、空間とは何だろうか？　普通には空間は入れ物と考えられていることが多いはずだ。古典的には確かにその面が強かった。しかし、二〇世紀初頭からの量子革命を通過したあとでは、単なる「入れ物」というものはないことがはっきりしてきた。つまり、「入れ物」と「中のもの」はある種の渾然一体となって存在すると言えよう。卑近な例で言えば、雑然とした部屋を思い浮かべてもらえばよい。

例えば、古典的には何もない空間を意味した『真空』もいまや絶えず振動しエネルギーを湧出するものである。その典型的なエネルギーがカシミール・エネルギーと呼ばれる

$$“1+2+3+4+5+6+7+8+9+10+11+\cdots\cdots” = -\frac{1}{12}$$

である（黒川『数学の夢』（岩波書店）および黒川・若山『絶対カシミール元』岩波書店を参照されたい。3乗の和の値である$\frac{1}{120}$も出てくる）。この和は、もちろん、通常は無限大になってしまうものなのであるが、正規化（繰り込み）という方法によって解釈すると有限値が得られるのである。これは、同時に、自然が「無限大の繰り込み」を行なっている現場を再確認さ

せてくれる。

さて、このような空間を捉えるにはどうしたら良いだろうか？　それを目指すのが空間のゼータである。

4　空間のゼータ

空間を調べる際に数学で良く使われるのが「ゼータ」であり、実質的にはオイラー（一七〇七―一七八三）が研究に着手した。来年（二〇〇七年）生誕三〇〇周年を迎えるオイラーはスイスのバーゼル近郊に生まれたが、その生涯の大部分をロシアの海辺の都市サンクトペテルブルグに送った。今は、サンクトペテルブルグの南東のアレクサンドル・ネフスキー寺院に眠っている。オイラーの赤い墓石が美しい。

オイラーは「ゼータ」を深く研究してたくさんの驚くべき事柄を発見したのであるが、ただ一つ「ゼータ」という名付けを忘れていた。ギリシャ文字ζを起源とするこの名前は一九世紀の中頃から大数学者リーマン（一八二六―一八六六）が使いはじめたものである。

空間Xのゼータは

$$\zeta(s, X) = 1/\Pi(1-\exp(-l(C)s))$$

の形をしている。ここで、Cは空間Xの曲線をわたり、$l(C)$ はCの長さである。Cは何らかの軌跡と考えておこう。つまり、空間上の軌跡を見てその空間を知る、というのがゼータのこころである。たとえば、空を知ろうと想ったら空をわたる鳥たちの軌跡を見れば良い、という調子である。あるいは、空にかかるすじ雲や虹を見れば良いのかも知れない。

このように空間のゼータを考えることは二〇世紀の半ばから隆盛した考えであって幾多の数学的成功をおさめた。中でも、数学者すべての関心の的である「リーマン予想」に対する深い考察はこの方向で得られている。本来のリーマン予想を解くためにはこの空間のゼータの考えを一層深めなければならないが、リーマン予想の重要な類似物である「リーマン空間のリーマン予想」が成立することは二〇世紀の後半にノルウェーの数学者セルバーグの画期的研究（一九五二頃）およびそれに続く研究によって判明している。

ゼータは古典的には点にわたる積（その形は第1節に書いてある）と想われていたのであるが、その後の研究から、軌跡にわたる積と考えるのが適切であると思われるようになってきた。この状況は、昔の量子論が0次元の点を素のものとして扱っていたのに対して、二〇世紀末に興った「超弦理論」がはじめから弦（ひも、曲線）を素なものとする描像に転換した

2006.06

のに対応していると考えることができる。

5　軌跡空間

軌跡全体がゼータの話で重要なことは既に述べたが、軌跡全体の成す「軌跡空間」はこれからの数学や物理学にとりわけ重要と思われるので補足しておこう。量子論では点の可能な軌跡（世界線）全体を考え、その上のファインマン積分（つまり、基礎方程式から決まる、軌跡ごとの可能性の高低を付けて足しあわせる）により粒子の存在する期待値が計算されるというのが要点であった。ただし、数学的に言えば「ファインマン積分」は数学的な「積分」にはまだなっていないのである。さらには、このような量子論を重力を含む理論に適応すると発散を回避することが非常に難しくなるという難題に直面するのであった。

これに対し、究極理論と言われる超弦理論においては、弦（ひも）の軌跡全体の上でのファインマン積分により弦の存在する期待値が計算され、重力を含む発散しない理論を得ることができると信じられている。弦の軌跡は面となるので、弦の軌跡全体とは世界面全体ということになる。数学的には、面の全体はタイヒミュラー空間やリーマン面のモジュライ空間と言われる良い空間と解釈することができる。これが『超弦理論』が上手く行く要点であった。ただし、究極理論と言われている『超弦理論』は確立していない。現在も流動的であり、理論が収束するかと見える時期のあとには発散する時期が来たりしている。究極理論は遠い。

6　ゼータの表わす未知空間

もちろん、いつものように空間が既にある場合と違って、空間自体は未知である場合が真に面白い。その意味で最も基本的な問題は、最初に述べた、素数にわたる積で定義されるゼータ

$$\zeta(s, Z) = 1/\Pi(1\text{-}\exp(-l(p)s))$$

がどんな空間のゼータなのか、という問題である。

今まで見てこられた方には、各「素数」を点と見るよりは各素数ごとに「素数の軌跡」という曲線があると見た方が良いのではと思われるであろう。それには、周長 $l(p)$ の同心円が $p = 2, 3, 5, 7, 11,$ ……と並んでいる空間を思い浮かべれば良い（左図。色付きの絵は黒川信重「数から見た数学の展開」『日経サイエンス』一九九四年六月号、三〇—三九頁に載っている）。

$\zeta(s, \mathbf{Z})$

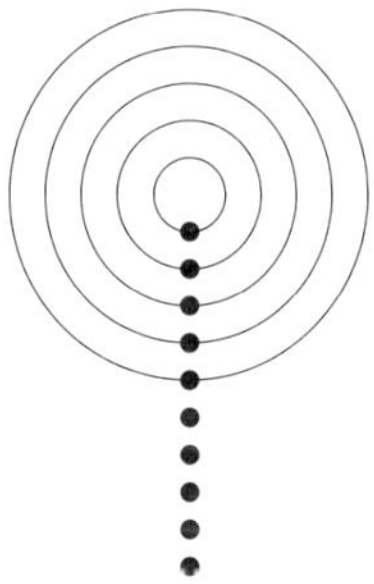

これはいわば『惑星系モデル』あるいは『ゼータ必要最小限モデル』と言える。一般的な作り方は、あるものMのゼータが

$$\zeta(s, M) = 1/\Pi(1\text{-}\exp(\text{-}ls))$$

となっていたら、周長l（エル）の同心円を描いて行き、同じ長さのものが合計n個出てくればその円周上にn等分点を載せる。例えば次頁の図をごらんいただきたい。

ただし、まだまだ、「ゼータは見えているが空間の正体は見えない」という状態に近い。この問いを解いて、未知空間を捉えることが数論の永遠の中心問題である。その解は真の物理空間を求める問題への解にも有力な寄与をするに違いない。

この問題の状況は、見知らぬ土地ゼータに一人で入っていって住むことに喩えられるだろ

$\zeta(s, \mathbf{F}_{101})$

$\zeta(s, \mathbf{F}_{7})$

$\hat{\zeta}(s, \mathrm{SL}_2(\mathbf{Z})\backslash \mathrm{H})$

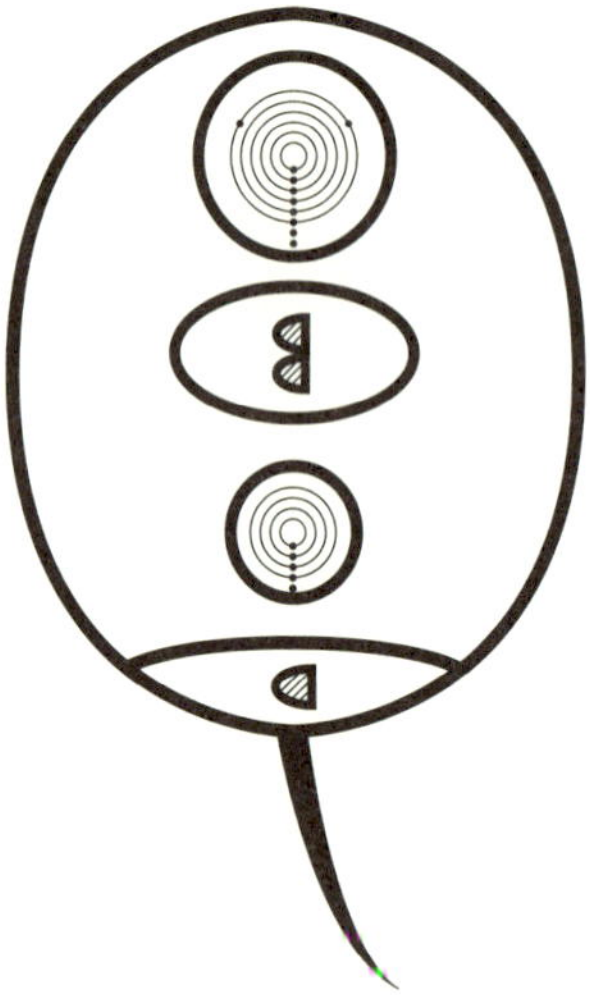

$\zeta(s, \mathbf{Z}[\mathrm{T}])$

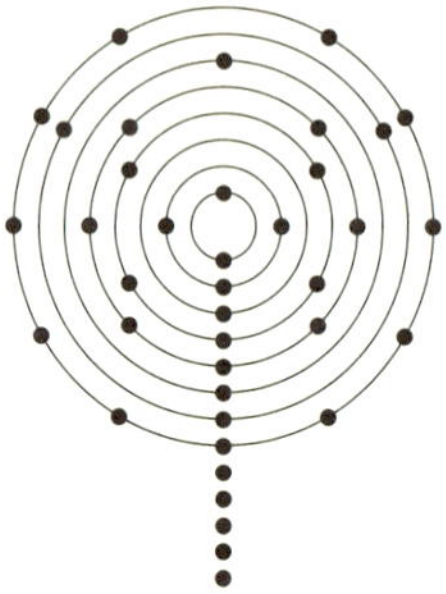

2006.06

う。そこで使われている「ゼータ語」をマスターするにはどうすれば良いのだろうか。きっと、意志を伝達するに充分な基本ゼータ語に熟達するのが第一の仕事であろう。例えば『ゼータ語必要最小限辞典』が欲しいのであるが、まだできていない。もちろん、オイラーやリーマンの書いたものによって、理解可能なゼータ語は着実に増えてはきている。この際、もともとゼータ語に限らず、数学は言語であったことも振り返っておくと良いであろう。数学語の史上稀なる使い手であったオイラーが一般言語でも達者であった事にも思い至る。実際、サンクトペテルブルグに招かれた幾多の外国人学者の内で、オイラーがとりわけ受容れられたのは、彼が積極的に現地のロシア語を使い、意志伝達に熟達したからであった。すべての言語を理解したいものである。

最後に、これからゼータに出向かれる人へ

滞在が惑星間友好に役立つこと、そして現地の方々に別れを惜しまれながら無事に帰還されること、を心から願っています。では、よい旅を。

参考文献案内

素数空間を考える絶対数学について

（1）黒川信重『数学の夢――素数からのひろがり』岩波書店、一九九八年。
（2）黒川信重「数から見た数学の展開」『日経サイエンス』一九九四年六月号、三〇―三九頁。
（3）黒川信重「絶対数学の探求――1と2と3」『シュプリンガー・サイエンス』10、№2（一九九五年）、六―一〇頁。

ゼータ一般について

（4）黒川信重「オイラー積の二五〇年」『数学セミナー』一九八八年九月、一〇月（日本評論社『現代数学の歩み・4』および『ゼータの世界』に再録）。

（5）黒川信重「素数の一般化とゼータ関数」『数学セミナー』一九九三年一〇月、七二―七七頁、一一月、七〇―七四頁。
（6）黒川信重「リーマン・ゼータ関数」『数理科学』一九九六年九月号、五―一一頁。
（7）黒川信重「リーマン予想のかなたへ――量子空間とは何か」『数学のたのしみ』1（一九九七年）、六〇―七三頁。
（8）黒川信重「ラングランズ予想とは？――ゼータ統一の夢」『数学のたのしみ』3（一九九七年）、一〇八―一二二頁。
（9）黒川信重編著（梅田亨・砂田利一・若山正人・黒川信重・今井志保）『ゼータ研究所だより』日本評論社、二〇〇二年三月。

ゼータと超弦理論について

（10）黒川信重「超弦理論と数論」『素粒子論研究』74（一九八七年）、D24–D39.
（11）黒川信重「弦理論と数論」『日本物理学会誌』43（一九八八年）、九五一―九五三頁。
（12）黒川信重「量子空間とRiemann予想」『日本物理学会誌』53（一九九八年）、六九六―六九九頁。
（13）黒川信重「宇宙と素数」『数理科学』一九九〇年四月号。

数論全般について

(14) 加藤和也・黒川信重・斎藤毅『数論I』岩波書店、二〇〇五年。
(15) 黒川信重・栗原将人・斎藤毅『数論II』岩波書店、二〇〇五年。
(16) 黒川信重「素数の魅力と不思議」『数理科学』二〇〇五年一月号。

絶対数学

黒川信重

2000.09

二〇世紀も終わろうとしている。ここでは、今世紀の数学をふりかえり、来世紀を考えたい。そこにゼータ世界から来た絶対数学が立ちあらわれてくる。

1　二〇世紀は環の世紀

二〇世紀の数学を振り返ってみると、環の世紀だったという感が強くする。環とは、整数全体や複素数全体のように積と和という二種類の演算が入っている集合（代数系）のことであり、その元（要素）を「数」と考えるのである。つまり、二〇世紀は数全体が環をなすと考えていたのであった。

二〇世紀の代数では抽象的な環理論が推し進められ、代数幾何学のスキーム論が詳しく研究された。その応用として、数論の有名なフェルマー予想も三五七年ぶりに解かれるに至った。解析学ではバナッハ環や作用素環など解析的な環の研究が深化された。その結果、二〇世紀末には非可換幾何学あるいは量子空間論まで考察されている。とくに、二〇世紀末になって、フィールズ賞受賞者コンヌが数学最大の難問であるリーマン予想を非可換幾何学に対する「跡公式」に帰着させたことは特筆に値する。また、幾何学では、空間はその上の関数全体のなす環――それを「関数環」という――によって捉えられるという思想が追究された。したがって、空間の研究は環の研究に他ならないことになる。この考え方は古典的な空間の研究にとどまらず、例えば既述のスキーム論、非可換幾何学や量子空間はいずれも古典的な空間ではなく、「空間」はあくまで従属的仮想的なものであって本質はそれら「空間」の上の「関数全体」なのである。

2　微分

数学研究の代表的手法を一つだけあげるとすると、まず「微分」があげられる。これは、代数・幾何・解析いずれにも大きな力をもっている。

二〇世紀数学は、先ほど述べたように、環の数学であったのだが、微分は環の研究に欠かせない。Aを環をするとき、Aの微分DとはA→Aという写像であってライプニッツ法則「$D(xy) = D(x)y + xD(y)$」を満たすものである。例えば、Aを多項式全体としたとき、変数に関する普通の微分をDとすれば、Dはよく知られているようにライプニッツ法則を満たし、したがって、微分の代表的な例となる。さらに、この場合のように、二〇世紀数学では微分Dの加法性「$D(x + y) = D(x) + D(y)$」まで仮定してきた。それが線形性の起源である。

環Aの微分全体は対応する空間から見るとベクトル場全体と呼ばれるものと同定される。これから、数学——代数・幾何・解析——を行なうことは、二〇世紀末には、ある意味で、ルーチン化されている。特に、微分形式やコホモロジーが計算され種々の存在定理・解公式が示される。これが二〇世紀数学であった。

3　二〇世紀数学の欠陥と二一世紀数学の展望

ここで、普段はあまり注意されないのだが、二〇世紀数学の欠陥を指摘しておこう。それは、環のなかで最も基本的な環である整数全体のなす環——それをZと書く——が詳しく研究されていない、という点である。これは表面的な問題ではなく、「環の数学」自体の根本的な問題点である。それは微分を考えるとはっきりする。環Zの微分は0しかないのである。したがって、Zの元はすべて定数となってしまう（「定数」とは「すべての微分で0となるもの」と考えるとよい）。これでは、研究を深化することはできない。数論では、この欠陥を補うために岩澤理論（p進理論）等、高度で複雑な方法が考え出され、それらを駆使してフェルマー予想の証明は完了したのであるが、リーマン予想は遠くにある。

少し詳しく見ると、フェルマー予想はラングランズ予想の一部を岩澤理論等で証明することによって解決されたのであるが、ラングランズ予想の一般の場合の解決はリーマン予想と同様、はるか彼方である。リーマン予想とラングランズ予想はゼータについての予想である——簡単に言うと、ゼータが美しいという予想——が、数学の二大難問であり深く関連している。

さて、それでは二一世紀の数学はどうなるであろうか。結論から述べると、二一世紀は「環」ではなく「モノイド」の世紀になるのではないだろうか。

モノイドとは、環の二つの演算、積・和のうち、和を忘れたものである。「数」には基本的には積という演算しかないと思うのである。すると、たとえば微分は（加法性は忘れ）フ

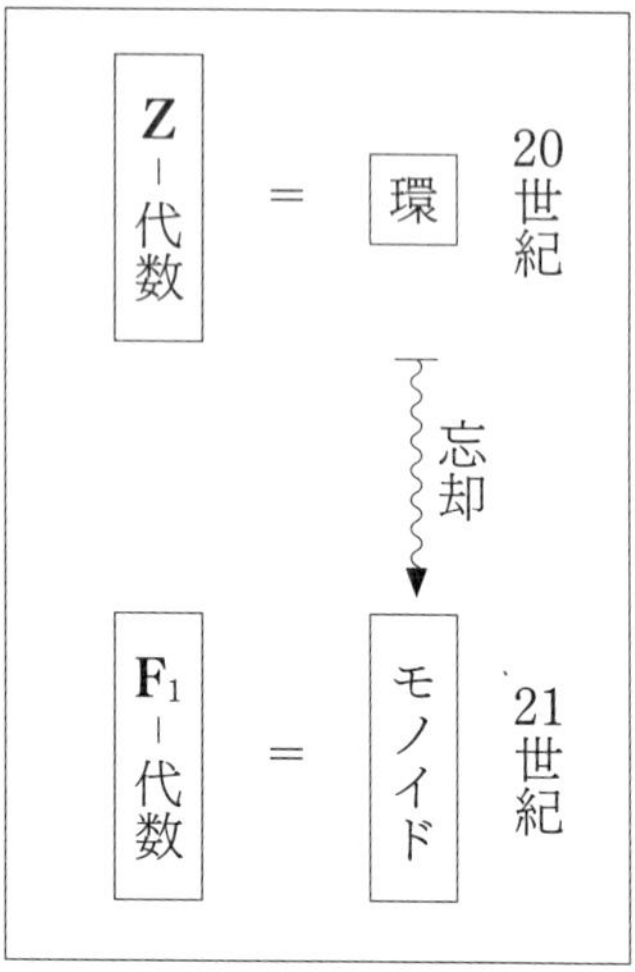

イプニッツ法則のみを満たすものを考えることになる。加法性を要求しないことによって、微分は非常に豊富になる。こうすれば、**Z**の微分もたくさんあり（基本的には各素数に対応して微分∂pが定まり、一般の微分はそれらの無限かもしれない和）、研究の手がかりが得られる。例えば、**Z**の（絶対）定数は1、0、−1となる。とくに、2は不定元である！

二〇世紀は環の研究を行なったわけであるが、その和の演算を忘れて研究を行なうのが二一世紀に期待されているモノイド数学（「モノイド」は「忘和環」と呼ぶと分かりよいかもしれない——しかし、すっかり忘れてしまっているわけではない）なのである。

2000.09

4 絶対数学

環のなかで最も基本的なものは整数全体の環$\mathbf{Z}$であったが、すべての環は$\mathbf{Z}$－代数と考えることができる。これに対して、モノイドのなかで最も基本的なものと考えられるのが「一元体$\mathbf{F}_1$」であるすると、すべてのモノイドは$\mathbf{F}_1$－代数となる。このように一元体$\mathbf{F}_1$上の数学を、より明確に「絶対数学」と呼ぼう。つまり、さきほどの「モノイド数学」のことであり、「$\mathbf{F}_1$数学」と呼んでもよい。これに対して、これまでの環の数学は$\mathbf{Z}$上の数学であり、相対的な数学――まだ$\mathbf{F}_1$という底まで届いていない――と考えられる。

絶対数学の基本計算は$1\times1=1$という単純なものである。

このように、二一世紀の数学は極めて明快になる、というのが私の予測である。

5 ゼータ

絶対数学の起源はゼータ世界にある。そこで、ゼータを少しふり返ってみよう。ゼータは素数をまとめあげたものである。最も基本的なゼータは環$\mathbf{Z}$のゼータ

$$\zeta(s)=\prod_{p:\text{素数}}(1-p^{-s})^{-1}$$

であり、素数全体にわたる積——オイラー積と言われる——によって構成され、リーマンゼータと呼ばれる。素因数分解の一意性から

$$\zeta(s)=\sum_{n=1}^{\infty}n^{-s}$$

と、自然数全体に関する和ともあらわされる。この後者の表示をよく目にされるかも知れないが、ゼータ本来の性質は素数全体の積であることから出る。

このゼータを用いて素数定理

$$\pi(x)\sim\frac{x}{\log x}\sim\mathrm{li}(x)=\int_0^x\frac{du}{\log u}\quad(x\to\infty)$$

2000.09

が約百年前に証明されている。ここで、$\pi(x)$ は、x以下の素数の個数を表している。さらに精密な $\pi(x)$ の公式がリーマンによって「素数の明示公式」として知られていて、それはゼータの零点にわたる和で書ける。その結果、リーマンが一八五九年に提出した予想が

ゼータの本質的な零点の実部はすべて$\frac{1}{2}$であろう

というリーマン予想である。リーマン予想は「素数全体が美しく調和している」ことを述べていて、素数の分布式に直すと、

$$\left|\pi(x)-\mathrm{li}(x)\right| \leqq Cx^{\frac{1}{2}}\log x$$

という評価式と同値であることが知られている。

リーマン予想は、リーマン自身が思っていた以上に重大な予想であることが判明してきた。実際、素数に関連しそうなことは、たいてい、リーマン予想に結びついている。原始根に関するアルチンの予想はその代表例である。また、現代暗号理論では素因数分解の困難性が鍵になっているが、その際の仮想攻撃に重要な高速素数判定法もリーマン予想から得られる。したがって、暗号の破られにくさの評価（つまり最悪の場合の設定）はリーマン予想を仮定

している。さらに、リーマン予想に関係しそうにない難問がリーマン予想から解決するという例（代数体の整数環のユークリッド性など）もいくつもある。

そんなこんなで、リーマン予想は数学最高の難問とされている。二〇世紀の数学をふり返ってみても、数学の目覚しい進展がリーマン予想をきっかけに起ってきた。代表的なものを二つあげると

①合同ゼータのリーマン予想の解決に向けてのスキーム論
②セルバーグゼータのリーマン予想を解決した表現論

となる。①は、有限体を定数体とする代数多様体に対してゼータを構成すると、その場合にもリーマン予想の類似が成り立つというヴェイユの予想をドリーニュが証明した（一九七四年）ことを指している。この証明のプログラムは一九六〇年頃にグロタンディークによって提出されたものであった。それに向けてグロタンディークは膨大な構想と超人的なエネルギーによって代数多様体論をスキーム論へと革新したのである。その論文は一万ページに近い。また、②は、リーマン多様体のうち局所対称空間と呼ばれる対称性の高いリーマン多様体に対してもゼータ関数論が構築でき、リーマン予想の対応物まで証明できるというセル

バーグの結果（一九五二年）である。これはリー群の表現論が深化した成果である。なお、セルバーグは本来のリーマン予想に最も近づいた数学者と考えられる。『セルバーグ全集』はリーマン予想の研究に必携である。

これら①②は二〇世紀数学の双璧として輝いている。この他にも、量子力学の「カシミール効果」の解析がゼータ研究そのものであることが判明したり、ゼータの影響は数学領域を超えてもいる。

さて、①②においてリーマン予想の類似はなぜ証明できたのだろうか？　それは、どちらにおいてもゼータをある作用素（行列）を用いて行列表示でき、したがって、ゼータの零点や極が固有値として解釈される、という点が本質的である。この行列式表示は、対数をとると作用素の「跡公式」となる。①ではフロベニウス作用素のグロタンディーク跡公式、②ではカシミール（ラプラス）作用素のセルバーグ跡公式である。

したがって、本来のリーマン予想に対しても、まず何らかの作用素による行列式表示を構成したい、と誰でも考える。しかし、これは言うは易し行なうは難し、の良い例である。リーマンゼータなど本来のゼータの行列式表示は幾多の挑戦をはねつけ難攻不落である。本当のことを言うと、①②のゼータはおもちゃのゼータであると考えている人も少なくない。これは研究してみると実感として体得できる。本来のリーマン予想は遠くから見ていると美しい高峰ですがすがしいが、ふもとに近づくにつれ、その底知れぬ怪物的な姿を露にしてくる。二〇世紀には二合目にも至れなかったようである。さらに悪いことには、上方は年中風雪がうずまき嵐が吹き荒れており、頂を垣間見ることすらもできない。むなしさがつのる。遠くから見えたと思った山容は、一体、何だったのだろうか。

そうは言っても、まずは①②を参考にしてリーマン予想への近づき方を考えてみよう。①では定数体があることが重要である。ζ(s) の場合のようにもっともな定数体が見えない（あるいは、無いように見える）ときは、何らかの方法で定数体を作らねばならない。それを $\mathbf{F}_1$ という底をつけることで解決しようとするのが絶対数学である。次に②の方針に従うと、古典的リーマン多様体には ζ(s) の空間が見当たらないので量子リーマン多様体や無限次元リーマン多様体を考察することになる。コンヌが行なった非可換多様体による試みも、この②の方向にある。

ただ、奇妙なことに、どういうわけなのか、ζ(s) に対する作用素を構成しようとすると、いつもスルリと逃げていってしまうようだ。例えば、フェルマー予想の証明に使われた岩澤理論はもとは①の方向から示唆されたものであった。岩澤健吉は、岩澤作用素と言うべきフロベニウス作用素に対応するものを構成し、それによる行列式表示を考えたのだが、得られたのは p 進ゼータという別種のゼータになっていたのだった。これは本来のリーマン予想の証明には使えなかったものの、フェルマー予想の証明の大きな手がかりを与えたのである。このように、リーマン予想解決への試みは、本来のリーマン予想そのものより、むしろ、他の方面への波及効果が大きかったことが特長といえる。

このようなわけで、「リーマン予想は数学で一番に大切な問題である」と人は言い、さらに、「若い人は、どんどん挑戦してください」と、つい何気なく付け加えてしまう。ただし、この言葉を真に受けてはいけない。これは特に、これから将来有望な若い人には、注意をうながしておきたい。リーマン予想は数学界ではタブーに属しているのだ。これは昔からであり、今もってそうである。リーマン予想について何か考えているとわかれば、その人は白い目で迎えられる。何をばかな試みをしているのか、という目である。専門家の集まりでは無視される。家では計算用紙のゴミの山を作って疎外される。手紙《メール》を出しても返事は来ない。何もいいことはないのである。筆者には到底耐えられない。したがって、やるなら迫害を喜んで受け入れる態度が欲しい。まあ、考えてみれば、さほど大したことではないかも知れないが。

ところが、ずっとこんな状態が続いてきたところに、今年（二〇〇〇年）になってリーマン予想に懸賞金がついた、という朗報がとびこんできた。リーマン予想を最初に証明すれば百万米ドル（約一億円）がクレイ数学研究所（米国）からもらえると言うのである。このニュースは『朝日新聞』の「天声人語」（二〇〇〇年六月四日）などでも取り挙げられるほど話題をまいたが、少し詳しくは『日本経済新聞』（七月一六日）のサイエンス欄、「ゼータ研究所だより・第6号」（『数学セミナー』二〇〇〇年九月号所収）、『数学セミナー』一一月号の特集「21世紀への問題」などを見ていただきたい。これで、解決も早まるのかも知れない。しかし、社会生活上は、リーマン予想など考えないに越したことはない。それにしても、リーマン予想を解いて一億円というのはどうみても少なすぎる。リーマン予想くらいになれば百億円の価値はある。むしろIT産業、デリバティブ、プロ野球、等々世間の相場からしたら少ないくらいかもしれない。解けたら、あまりいやな仕事をせずに暮らせてもバチはあたらない気がする。

　さて、そんなことは、ゼータをやっていると、いずれにしても気にならなくなることではある。というのは、ゼータでは、まず一番に

$$1+1+1+1+\cdots\cdots = -\frac{1}{2}\ [=\zeta(0)]$$

という式がでてくる。一〇倍してもっとわかりやすくすると

$$10+10+10+10+\cdots\cdots = -5$$

となるが、これは毎日一〇円ずつ無限銀行に貯金していくと、最後の審判の日には五円の負

2000.09

債となる、という宗教的・哲学的意味があるのだ、とゼータ研の修行時代に教わったことがある。たしかに

$$1+2+3+\cdots\cdots=-\frac{1}{12}\left[=\zeta(-1)\right]$$

$$1^3+2^3+3^3+\cdots\cdots=\frac{1}{120}\left[=\zeta(-3)\right]$$

などに習熟してしまうと、このような等式を自然界が本当に使っていて「カシミール効果」(一九四八年提出)と呼ばれていると聞いては「さすがに大したものだ」と感激するのである。

なお、三進世界では

$$1+3+9+27+81+\cdots\cdots=-\frac{1}{2}$$

という式が成り立つ(このような三進世界を通してフェルマー予想は証明されたし、今のところ、三進世界を通らない証明は知られていない)が、これなども

$$10+30+90+270+810+\cdots\cdots=-5$$

とすると

$$10+10+10+10+10+\cdots\cdots=-5$$

というゼータ世界における等式と似た解釈ができるのかも知れない。このような等式にひたりきらないと、あのフェルマー予想の証明やリーマン予想の証明には至れないのであろう。

こうなってくると、美しい落葉が数字の印刷された紙よりありがたいものに見えてくる。きっとその先に幸せは待っているに違いない。そのとき夢のようなゼータ世界を見ることができるだろう。

リーマン予想が絶対数学のきっかけになっていることはこれまで述べてきたとおりであるが、リーマン予想と並び称されるラングランズ予想も同時に強い動機を与えている。今は、ラングランズ予想に詳しく触れる余裕はないが、これは本質的には**Z**上有限生成の環Aのゼータ$\zeta_A(s)$が解析接続と関数等式という美しい性質をもつことに他ならず、①の方法が使える場合には行列式表示によって解決している。一般の場合は、やはり絶対数学が手がかりを与えるであろう。リーマン予想とラングランズ予想はゼータ世界にそびえる二大難問であり、数学の底に届くほど深く根ざしている。両者は同時に完全解決される気がする。

6　絶対空間とモナド

絶対数学の基本は絶対空間であり、そのうちでとりわけ基本的な重要性をもっているものが絶対素数空間

$$|\mathrm{Spec}(\mathbf{Z})|$$

である。これは素数全体の空間を絶対数学的にふくらませたものだが、残念ながら、数学概念をたくさん導入しなければ説明できない。つまり、ゼータ惑星の言葉で書かれているゼータ数学・絶対数学は、その言葉を使わなければきちんと記述できないのである。翻訳は補助

ゼータ惑星を漂う植物
[ゼータ風物詩①——参考文献[7]より]

的なものであり、本質は伝わり難い。ただ、一つだけ付け加えておくと、絶対空間の〝点〟

$$|\mathrm{Spec}|(\mathbf{F}_1)$$

は生きているように輝いて見える。これが、ライプニッツが「モナド（単子）」と呼んだものなのではないかと考える。つまり、モナドとはモノイド数学（絶対数学）の点だと思えるのではないか。

しかし、これで終わってはソーカル事件（『現代思想』一九九八年一一月号特集参照）の教訓が生かされまい。この節の終わりに絶対数学の根本図を書いておこう。そこで、$\mathrm{Alg}(K)$はK‐代数全体の圏（カテゴリー）、$\mathrm{Mod}(K)$はK‐加群全体の圏を表している。たとえば$\mathbf{F}_1$は

$$\mathrm{Mod}(\mathbf{F}_1) = \mathrm{Set}$$

という等式によって定義されうると思うのであり、すると

$$GL_n(\mathbf{F}_1) = S_n$$

というような式が数学を見慣れた目には親しみ深く見えてくるはずである。

なお、「圏」は「範疇」という哲学用語と同じく「カテゴリー」の訳語であるが、数学の

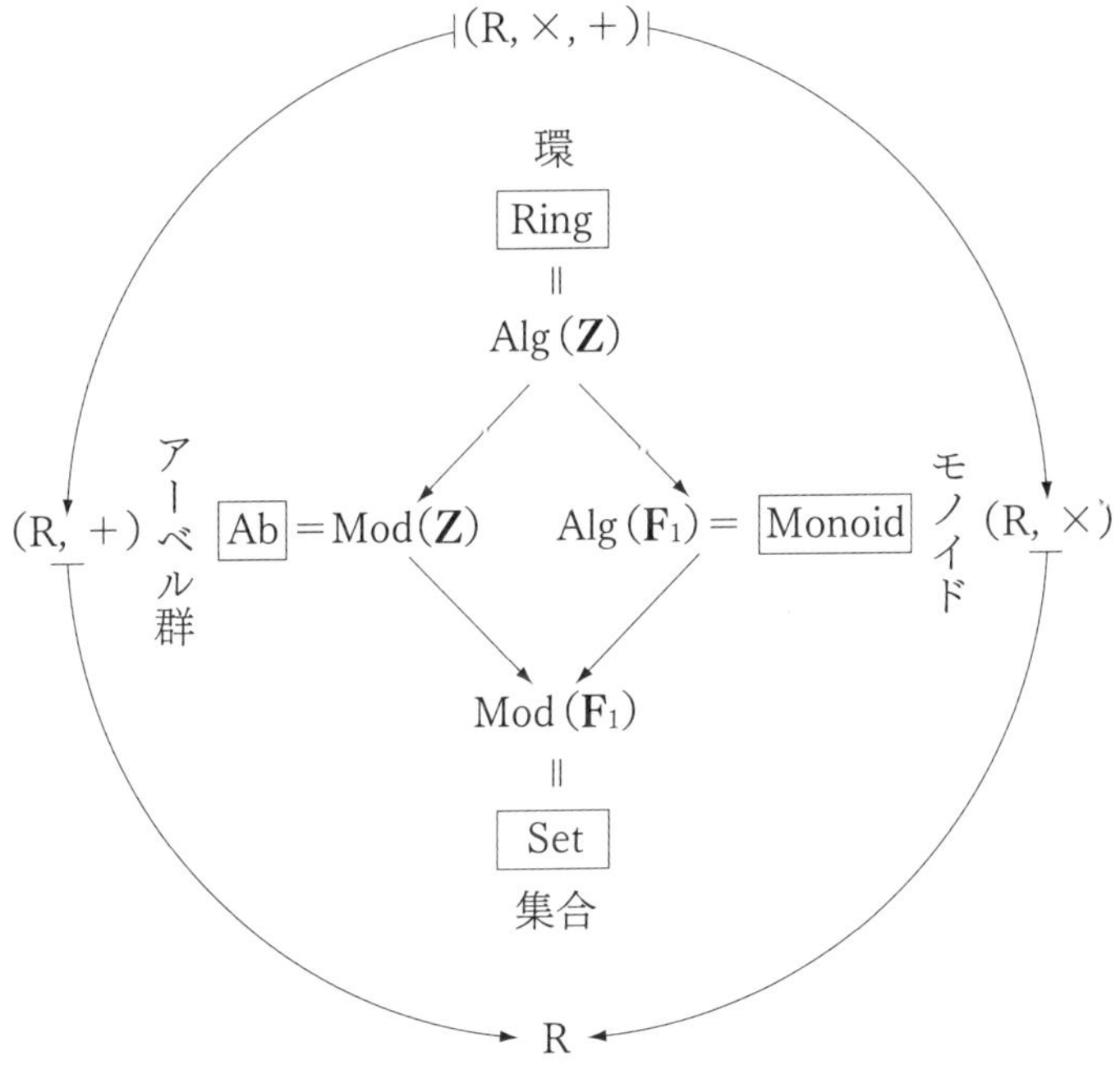
(R, ×, +)
環
Ring
Alg(Z)
(R, +)
アーベル群
Ab
=Mod(Z)
Alg(F1)=
Monoid
モノイド
(R, ×)
Mod(F1)
Set
集合
R

絶対数学の根本図

圏は、言うまでもなくある種の空間を指している。簡単に言えば、圏とは「もの」と「おもい」からなる空間であり、「もの」から「もの」への「おもい」が込められている。

普通の空間や集合は「もの」だけからなっていたことを思い出しておきたい。

そういえば「モナド」というのは1のことであった。これからも、一元体$\mathbf{F}_1$も絶対点$|\mathrm{Spec}|(\mathbf{F}_1)$いずれもモナドと呼ばれるにふさわしそうに思えてくる。

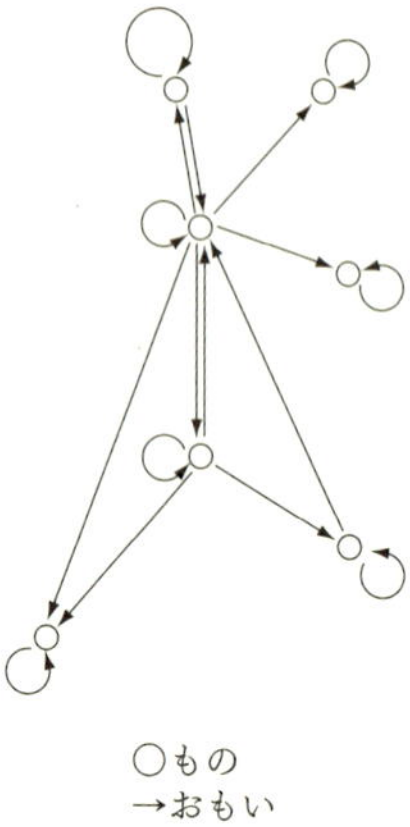

圏

7　クロトーネの海辺にて

このようなことを考えていたら、いつのまにかあたりは真っ暗になっていた。さきほどまでの美しかった夕焼けはどこにいったのだろうか。星が流れ、足の裏の波と粒も冷たくなっ

2000.09

てきた。

今日は絶対数学を考えながら、この長くのびる美しい砂浜を歩いていたのだった。昼間は、向こうのイオニア海の上に真っ青な空がひろがっていた。どこまできたのだろうか。二五〇〇年昔にクロトンと呼ばれていた、イタリアの土踏まずに位置するこの地で研究されていた数学からどれほど進んだというのだろうか。

彼らピタゴラスの徒は、この海岸で「万物は数」をモットーに数学研究に励んでいたのであった。その様子はアリストテレスの文章に詳しい。


「ピタゴラスの徒」は、数学の研究に従事した最初の人々であるが、かれらは、この研究をさらに進めるとともに、数学のなかで育った人々なので、この数学の原理をさらにあらゆる存在の原理であると考えた。けだし数学の諸原理のうちでは、その自然において第一のものは数であり、そしてかれらは、こうした数のうちに、あの火や土や水などよりもいっそう多く存在するものや生成するものどもと類似した点のあるのが認められる、と思った、──ために数のこれこれの受動相（属性）は正義であり、これこれの属性は霊魂であり理性であり、さらに他のこれこれは好機であり、そのほか言わばすべての物事が一つ一つこのように数の或る属性であると解されたが、さらに音階の属性や割合（比）も数で表されるのを認めたので、——要するにこのように、他のすべては、その自然の性をそれぞれ数にまねることによって、作られており、それぞれの数そのものは、これらすべての自然において第一のものである、と思われたので、その結果かれらは、数の構成要素をすべての存在の構成要素であると判断し、天界全体をも音階（調和）であり数であると考えた。

（アリストテレス『形而上学』第一巻第五章、岩波文庫上巻、四〇―四一頁）

ピタゴラスの徒の研究した三角数の公式

$$1+2+3+\cdots\cdots+N=\frac{N(N+1)}{2}$$

は図形的に見やすいが、これは実のところ、ゼータの等式

$$1+2+3+\cdots\cdots=\zeta(-1)=-\frac{1}{12}$$

を導くのである。もちろん、たとえば、複素数 s の実部が -3 より大きいときに使える表示

$$\zeta(s)=\lim_{N\to\infty}\left\{\left(\sum_{n=1}^{N}n^{-s}\right)-\frac{N^{1-s}}{1-s}-\frac{1}{2}N^{-s}+\frac{1}{12}sN^{-s-1}\right\}$$

に$s=-1$を代入して、

$$\zeta(-1)=\lim_{N\to\infty}\left\{\left(\sum_{n=1}^{N}n\right)-\frac{N^2}{2}-\frac{N}{2}-\frac{1}{12}\right\}=-\frac{1}{12}$$

のように繰り込みを行なうのだが、その点は技術的な問題にすぎない。ゼータから誘導された絶対数学は彼らピタゴラス学派には簡単に受け入れてもらえるであろう。

このことは、ディオゲネス・ラエルティオスが伝えているピタゴラス学派の研究内容からもわかる。

> 万物の始源は一である。そしてこの一から、不定の二が生じるが、その不定の二は、原因である一にとっては、あたかも質量であるかのように、その基体となっている。そして、一と不定の二とから数が生じ、また数からは点が、点からは線が、線からは平面が、平面からは立体が、立体からは感覚される物体が生じるのである。
>
> （『ギリシア哲学者列伝』第八巻第一章ピタゴラス、岩波文庫）

この「2が不定」ということについて、普通の数学では2は定数であること、絶対数学では

2は定数でない不定元（変数）ということからすると、ピタゴラス学派は絶対数学をしていたと思えてくる。ちなみに、「数からは点が生じる」とは二〇世紀の言葉では「環から空間が生じる」ということに、また多分二一世紀の言葉では「モノイドから空間が生じる」ということに、よく対応している。

一方、アリストテレスはピタゴラスの徒の宇宙論にも触れている。

> 天界全体を有限だと主張する最も多くのひとたちは地球は中心に位すると言う、これに対してピュタゴラスの徒と呼ばれている、イタリア方面のひとたちのごときは反対意見を唱えている。すなわち、中心にあるのは火であって、地球は諸星の一つにすぎず、中心のまわりを円運動しながら夜と昼とをつくると説く。
>
> （アリストテレス『天体論』岩波書店アリストテレス全集第四巻、八七頁）

なぜかこれは、絶対素数空間$|\mathrm{Spec}|(\mathbf{Z})$を想い起こさせる。この空間では、あたかも太陽系のように惑星2、3、5、……たちが中心火のまわりを回っているように見える。この赤い中心火こそ「絶対カシミール元」なのであろう。

そういえば、アリストテレスは少し前でこう言っていた。

2000.09

誰でも行き詰るのがもっともな二つの難問がある。それについてわれわれは、これならと思うところを言うように努力しなければならない、というのも、もしひとが、愛智の渇望から最大の難問だと思われるものについて、僅かでも解決をえて満足したいと欲するならば、それは向こう見ずであるどころか、むしろ大謙虚なしるしだとわれわれは考えるからである。

（同書、八二頁）

数学の二大難問であるリーマン予想とラングランズ予想は、このアリストテレスの主張にふさわしいものだ。

それにしても、さきほどの夕焼けは、なぜ、あれほどまでに美しかったのだろう。中心火の残照を見たのだろうか。

参考文献案内

絶対数学とゼータに共通

［1］ 黒川信重『数学の夢——素数からのひろがり』岩波書店、一九九八年。

［2］ 黒山人重『数学研究法』日本評論社、一九九九年。

絶対数学関係

［3］ 黒川信重「On $\mathbf{F}_1$」『城崎・代数幾何学シンンポジューム報告集』一九九四年、三八—四六頁。

［4］ Yu. I. Manin "Lectures on zeta functions and motives (according to Deninger and Kurokawa)" *Astérisqué* 228 (1995), 121–163.

ゼータ関係
［5］　梅田亨・黒川信重・若山正人・中島さち子『ゼータの世界』日本評論社、一九九九年。
［6］　黒川信重「リーマン予想」『数学セミナー』一九九九年一一月号。
［7］　ゼータ研究所編「ゼータ研究所だより」『数学セミナー』二〇〇〇年四月号より連載。

付録

絶対数論研究集会報告
リーマン予想最後の一歩へ

黒川信重

二〇〇八年から絶対数論（一元体 F_1 上の数論；Absolute Number Theory [ANT]）が非常に活発になってきた。絶対数論は一九九五年出版のマニンさんの講義録

Manin, Yuri : Lectures on zeta functions and motives (according to Deninger and Kurokawa). Columbia University Number Theory Seminar (New York, 1992). *Astérisque* No. 228 (1995), 4, 121–163

がバイブルとなっている。絶対数論は今世紀に入って徐々に復活の動きを見せていたが、このところの質量ともに急激な進展には目を見張るものがある。とくに、その発展の大きな要素は、非可換幾何学の跡公式からリーマン予想が導かれることを一九九六年に示したコンヌ（フィールズ賞受賞者）さんが昨年から絶対数論に参入してきたことにある。コンヌさんは共同研究者と論文

A. Connes, C. Consani, and M. Marcolli "Fun with F_1"（二〇〇八年執筆、二〇〇九年の Journal of Number Theory に出版予定）

を書き上げたのを端緒としてめきめきと研究を推進している。共著者のコンサニさんとマルコーリさんは二人ともイタリア出身の強力な女性数学者である。コンヌさんは研究活動の企画にも優れている。彼が主催する二〇〇九年の絶対数論研究集会は次の（1）(2）を手始めにしている。もちろん、一五〇周年を迎えたリーマン予想の解決を強く意識し視野に入れている。

(1) 3月23日–25日　米国ボルチモア Johns Hopkins 大学（日米数学研究所 JAMI）
Conference “Noncommutative geometry, arithmetic and related topics（非可換幾何、数論及び関連する主題）” [http://mathnt.mat.jhu.edu/new/jami2009/]

(2) 3月26日–27日　米国ボルチモア Johns Hopkins 大学（日米数学研究所 JAMI）
Workshop “Noncommutative geometry and geometry over the field with one element（非可換幾何と一元体上の幾何）”。

私は、いずれにも参加し招待講演を行なった。ここでは、これらの研究集会の報告を簡単に行ないたい。なお、研究集会（1)(2）の報告集はジョンズ・ホプキンス大学出版会（ボルチモア）から出版されることが決まっている。研究集会の詳細はそれを参照されたい。

＊研究集会（1）

絶対数論に関する講演は二つであり、ともにF_1上のゼータ関数論の研究である：

N. Kurokawa "Zeta functions over F_1"（3月24日 10 : 00－11 : 00）

A. Connes "Zeta functions and the nature of Spec（Z）over the absolute point"（3月24日 11 : 30－12 : 30）

私の講演は、種々のF_1上のゼータ関数（絶対ゼータ関数）の構成法からはじめて、それらの基本的性質（解析性、関数等式、重み付オイラー積表示、リーマン予想）を報告した。昨年九月に出版された論文

A. Deitmar, S. Koyama, and N. Kurokawa : "Absolute zeta functions", *Proc. Japan Acad.* 84A (2008), No. 8 (Sept.), 138–142

では絶対ヴェイユゼータを扱ったが、今回の講演はそれ以降の発展が主なものであった。たとえば、リーマンゼータは絶対ハッセゼータとして現れる。

コンヌさんの講演は、三月に書き上げたばかりの論文

A. Connes and C. Consani "Schemes over F_1 and zeta functions"

の報告であった。F_1上のスキームに対して、ゼータ関数の具体的な表示法を考察している。リーマン予想を射程に入れた、明快で楽しい講演だった。

そのほかにも、絶対数論に関連を持つものとしては、

M. Marcolli "Feynman integrals and algebraic geometry"（25日 10 : 00－11 : 00）

H. Moscovici "Twisted spectral triples and local index formula" (25 日 11 : 30−12 : 30)

等の興味深い講演もあった。

＊研究集会（2）

絶対数論講演ばかりで７つの講演があった。

J. B. Bost "Theta series and dimension over F_1" (26 日 10 : 00−11 : 00)

F. Paugam "Spectral symmetries of zeta functions and global analytic geometry" (26 日 11 : 30−12 : 30)

C. Consani "Schemes over F_1" (26 日 15 : 00−16 : 00)

N. Kurokawa "Absolute modular forms" (26 日 16 : 30−17 : 30)

S. Koyama "Absolute zeta functions" (27 日 9 : 00−10 : 00)

S. Mahanta "On two notions of geometry over F_1" (27 日 10 : 00−11 : 00)

J. Borger "Witt vectors, lambda-rings, and absolute algebraic geometry" (27 日 11 : 30−12 : 30)

このように、F_1 を用いた講演がずらっと並ぶのは、時代の変遷を感じさせる。すべての講演が F_1 上の数論に関するものであり、これは史上初めての『絶対数論研究集会』であった。各々の講演の紹介は専門的・技術的な内容に至り困難であるので省略する（ちなみに、私の講演は絶対保型形式とクロネッカーの青春の夢について）が、いずれも、新分野を切り開く勢いにあふれた講演で、とても楽しい雰囲気であった。

研究集会（1）（2）を通じて、F_1 上の絶対数論が多様な視点から

照射された。その裾野が広大であり、遥かな高みへと続いている様子が明確になってきた。

****

［参考］ 黒川信重（東工大教授）および共同研究者の小山信也（東洋大教授）のボルチモア講演要旨

1） JAMI Conference talk : Nobushige Kurokawa "Zeta functions over F_1"
Abstract : We report studies on various zeta functions over F_1 （absolute zeta functions） containing the analyticity, determinant expressions, analogues of the Riemann hypothesis and the tensor structure of the singularities. We notice on noncommutative zeta functions. The talk shows also advancements obtained after the paper.
Deitmar, Anton; Koyama, Shin-ya; Kurokawa, Nobushige : "Absolute zeta functions", *Proc. Japan Acad.* 84A （2008）, No. 8 （Sept.）, 138–142.

2） JAMI Workshop talk : Nobushige Kurokawa "Absolute modular forms"
Abstract : Absolute modular forms are modular forms for the general linear group over F_1. In this talk we introduce a kind of such modular forms as functions of semi-lattices, those are analogous to the classical modular functions of lattices. We call them Stirling modular forms after Barnes （1904）. Stirling modular forms are produced from multiple sine functions studied towards the Kronecker's Jugendtraum for real quadratic fields after Takuro Shintani （1977）. （There should exist relations with noncommutative torus. ） Stirling modular forms and multiple sine functions were studied in the following papers :

a) Kurokawa, Nobushige; Koyama, Shin-ya : "Multiple sine functions", *Forum Math.* 15 (2003) 839–876.

b) Kurokawa, Nobushige : "Limit values of Eisenstein series and multiple cotangent functions", *Journal of Number Theory* 128 (2008), 1775–1783,

c) Koyama, Shin-ya ; Kurokawa, Nobushige : "Multiple Eisenstein series and multiple cotangent functions", *Journal of Number Theory* 128 (2008), 1769–1774.

The application contains the formula for limit values of non-classical Eisenstein series of odd weights.

3) JAMI Workshop talk : Shin-ya Koyama "Absolute zeta functions"

Abstract : First we survey studies on absolute tensor products (Kurokawa tensor products) studied in the following papers with new results obtained after them. Multiple sine functions are basic here. Elliptic gamma functions give the important key for higher order zeta functions.

a) Koyama, Shin-ya; Kurokawa, Nobushige "Multiple Euler products", *Proceedings of the St. Petersburg Mathematical Society.* 11 (2005) 123–166 (in Russian) ; *Proceedings of the St. Petersburg Mathematical Society.* Vol. XI, 101–140, *Amer. Math. Soc.* Transl. Ser. 2, 218, *Amer. Math. Soc.* , Providence, RI, 2006.

b) Kurokawa, Nobushige "Values of absolute tensor products". *Proc. Japan Acad. Ser. A Math. Sci.* 81 (2005), no. 10, 185–190.

c) Koyama, Shin-ya; Kurokawa, Nobushige "Multiple zeta functions : the double sine function and the signed double Poisson summation

formula". *Compos. Math.* 140 (2004), no. 5, 1176–1190.

Second we report on studies on noncommutative zeta functions. We start from a survey on noncommutative zeta functions studied in the following papers :

d) Kurokawa, Nobushige "Zeta functions of categories" *Proc. Japan Acad.* 72 (1996) 221–222.

e) Fukaya, Takako "Hasse zeta functions of non-commutative rings" *J. Algebra* 208 (1998) 304–342.

We explain other kinds of noncommutative zeta functions also.

****

リーマン予想は解決するのか？

絶対数学の戦略

2009年 6月 1日 第1刷発行
2010年 2月 15日 第4刷発行

著者——黒川信重＋小島寛之

発行者——清水一人
発行所——青土社
〒101-0051 東京都千代田区神田神保町 1-29 市瀬ビル
［電話］03-3291-9831（編集） 03-3294-7829（営業）
［振替］00190-7-192955

印刷所——双文社印刷（本文）
方英社（カバー・扉・表紙）
製本所——小泉製本

装丁——戸田ツトム

ISBN 978-4-7917-6487-7